MANUAL DE REPARACIÓN DE REFRIGERADORES

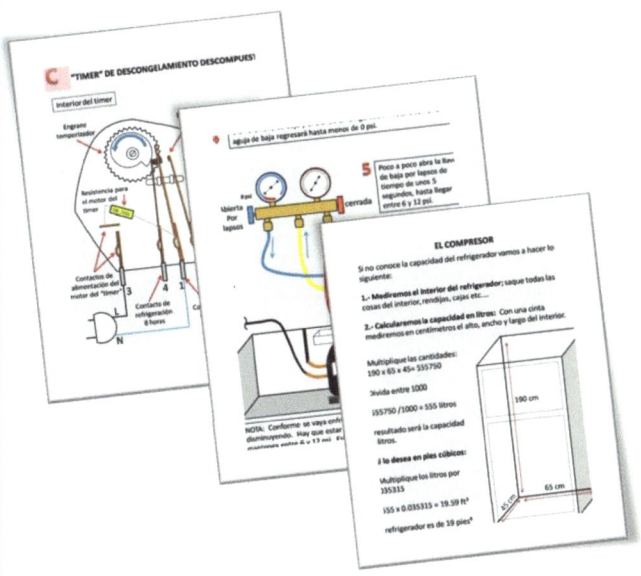

- •LOCALIZACIÓN DE COMPONENTES
- • FALLAS COMUNES
- • REPARACIÓN DE FUGAS
- • CAMBIO DE COMPRESOR
- •DIAGRAMAS ELECTRICOS
- • TABLAS DE INFORMACIÓN SOBRE ACEITES Y REFRIGERANTES.

Índice

Existen diferentes tipos de equipos de refrigeración, los más comunes son los que trabajan con un compresor hermético ya que son los más eficientes en cuanto a capacidad de enfriamiento se refiere. Lo utilizan **refrigeradores domésticos, congeladores comerciales, enfriadores de agua y algunos modelos de frigobar.** todos utilizando el mismo principio de enfriamiento.

Como cada equipo de refrigeración trabaja con distintas capacidades estos utilizan un compresor de cierta capacidad de acuerdo al tamaño del equipo de refrigeración. Los refrigeradores mas pequeños utilizan compresores de 1/12hp de ahí le siguen 1/10, 1/8 1/6, 1/5, 1/4P-1/4L, 1/3 y 1/2.

LOCALIZACIÓN DE COMPONENTES

Existen dos tipos de refrigeradores, los de **tiro natural**, que son lo que tienen el condensador por fuera del refrigerador en la parte trasera, y los refrigeradores de **tiro forzado**, que son los que tienen el condensador por debajo y por dentro del refrigerador a un lado del compresor.

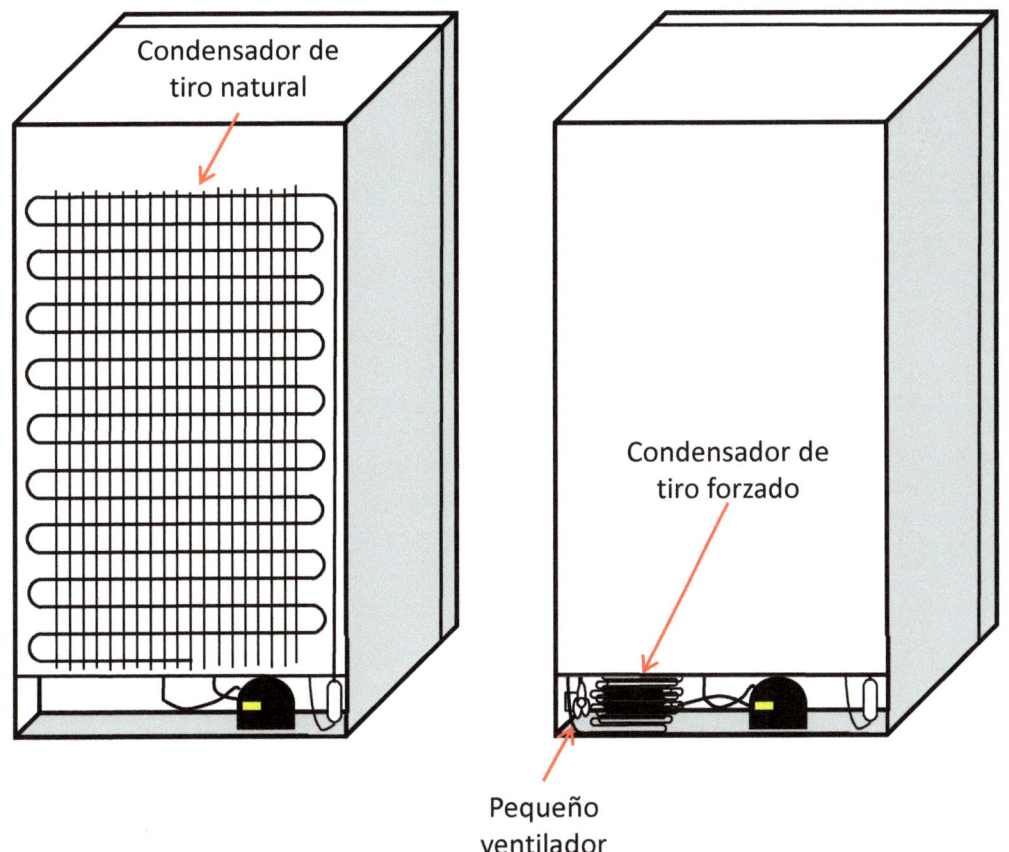

Condensador de tiro natural

Condensador de tiro forzado

Pequeño ventilador

COMPONENTES DE REFRIGERADOR DE TIRO NATURAL (PARTE TRASERA)

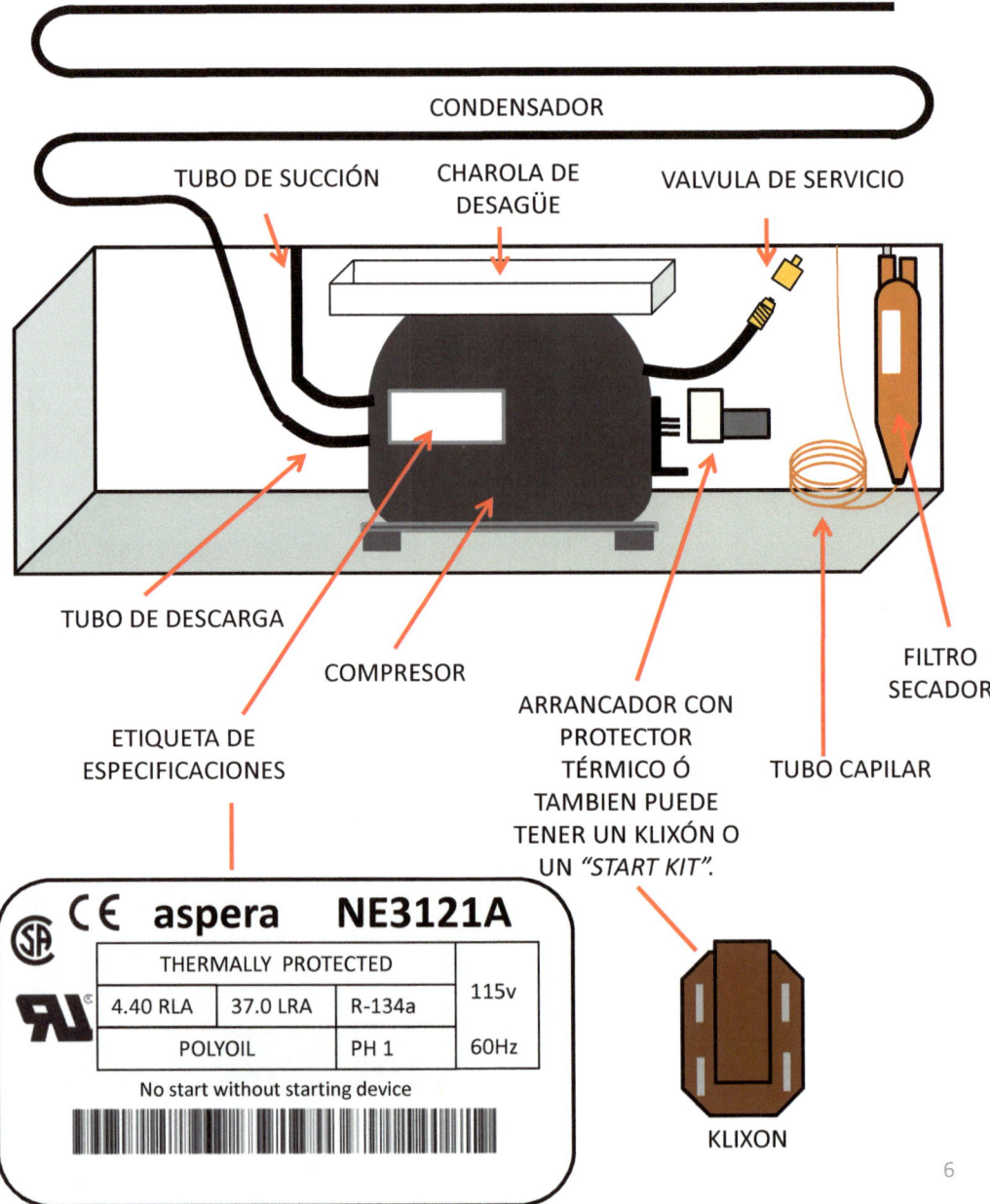

CONDENSADOR

TUBO DE SUCCIÓN

CHAROLA DE DESAGÜE

VALVULA DE SERVICIO

TUBO DE DESCARGA

COMPRESOR

ETIQUETA DE ESPECIFICACIONES

ARRANCADOR CON PROTECTOR TÉRMICO Ó TAMBIEN PUEDE TENER UN KLIXÓN O UN *"START KIT"*.

FILTRO SECADOR

TUBO CAPILAR

C€ **aspera** **NE3121A**

THERMALLY PROTECTED			115v
4.40 RLA	37.0 LRA	R-134a	
POLYOIL	PH 1		60Hz

No start without starting device

KLIXON

ETIQUETA DE ESPECIFICACIONES
contiene información sobre las características del compresor

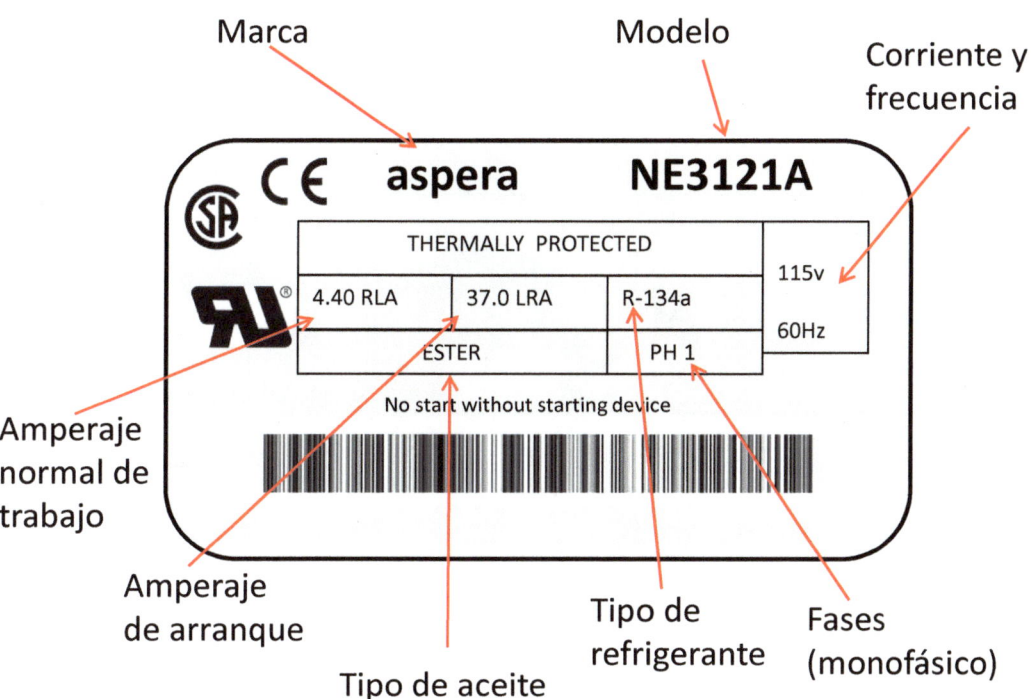

Marca

Modelo

Corriente y frecuencia

aspera   NE3121A

THERMALLY PROTECTED

115v

4.40 RLA   37.0 LRA   R-134a

60Hz

ESTER   PH 1

No start without starting device

Amperaje normal de trabajo

Amperaje de arranque

Tipo de aceite

Tipo de refrigerante

Fases (monofásico)

COMPONENTES DE REFRIGERADOR DE TIRO FORZADO (PARTE TRASERA)

VENTILADOR   SUCCIÓN

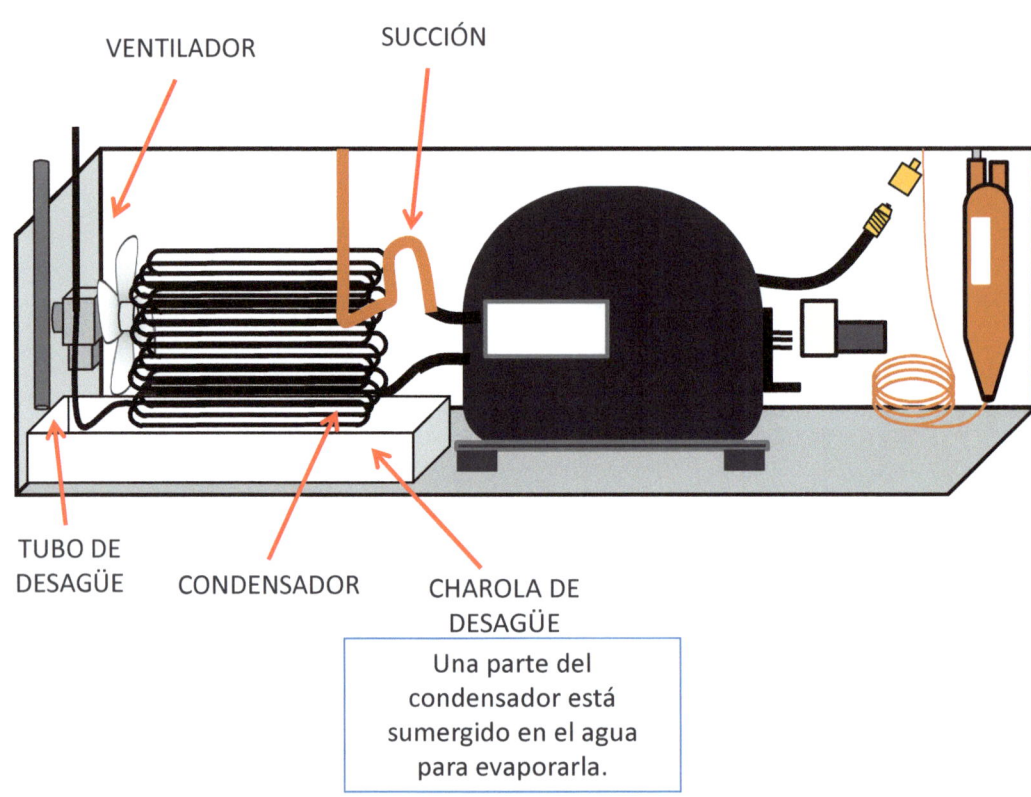

TUBO DE
DESAGÜE   CONDENSADOR   CHAROLA DE
DESAGÜE

Una parte del
condensador está
sumergido en el agua
para evaporarla.

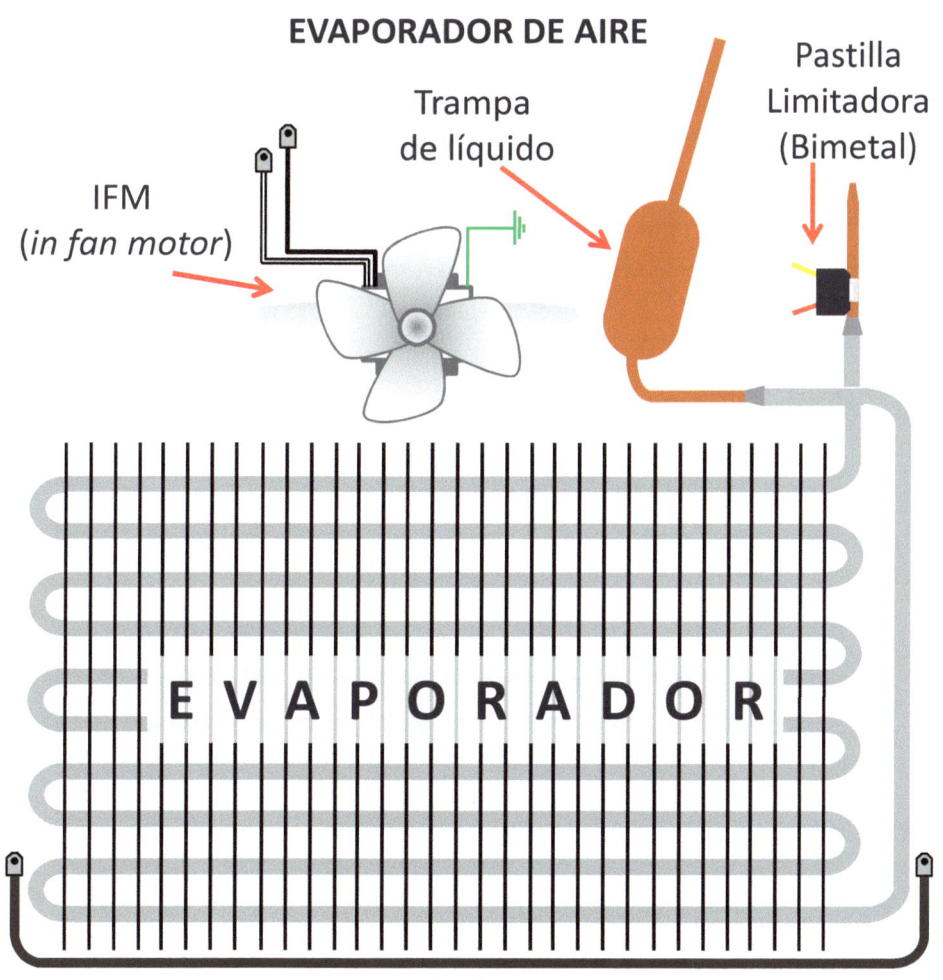

EVAPORADOR DE AIRE

Trampa
de líquido

Pastilla
Limitadora
(Bimetal)

IFM
(*in fan motor*)

E V A P O R A D O R

Resistencia de descongelamiento

IFM: Distribuye el frío en el congelador y el conservador.
TRAMPA DE LÍQUIDO: Evapora el sobrante de líquido refrigerante para evitar que llegue líquido al compresor.
PASTILLA LIMITADORA: Detecta el exceso de hielo en el evaporador para permitir el encendido de la resistencia de descongelamiento cuando el *"timer"* este en el ciclo de descongelamiento.
RESISTENCIA DE DESCONGELAMIENTO: Genera el calor suficiente para derretir el exceso de hielo en el evaporador cuando este en el ciclo de descongelamiento.
EVAPORADOR: Destinado a evaporar el líquido refrigerante provocando el descenso de temperatura.

EVAPORADOR DE PLACA

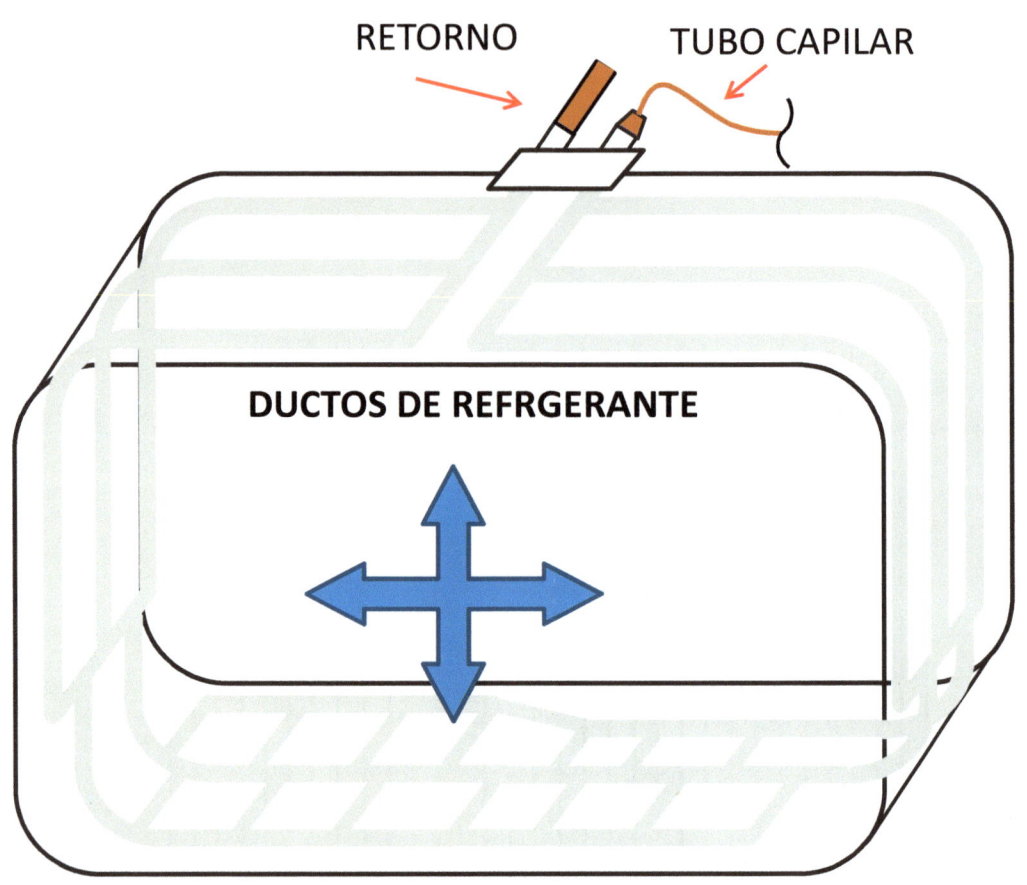

RETORNO

TUBO CAPILAR

DUCTOS DE REFRGERANTE

Lo usan generalmente los refrigeradores pequeños con compresores de 1/8

COMPONENTES DEL CONTROL PRINCIPAL DEL REFRIGERADOR BÁSICO

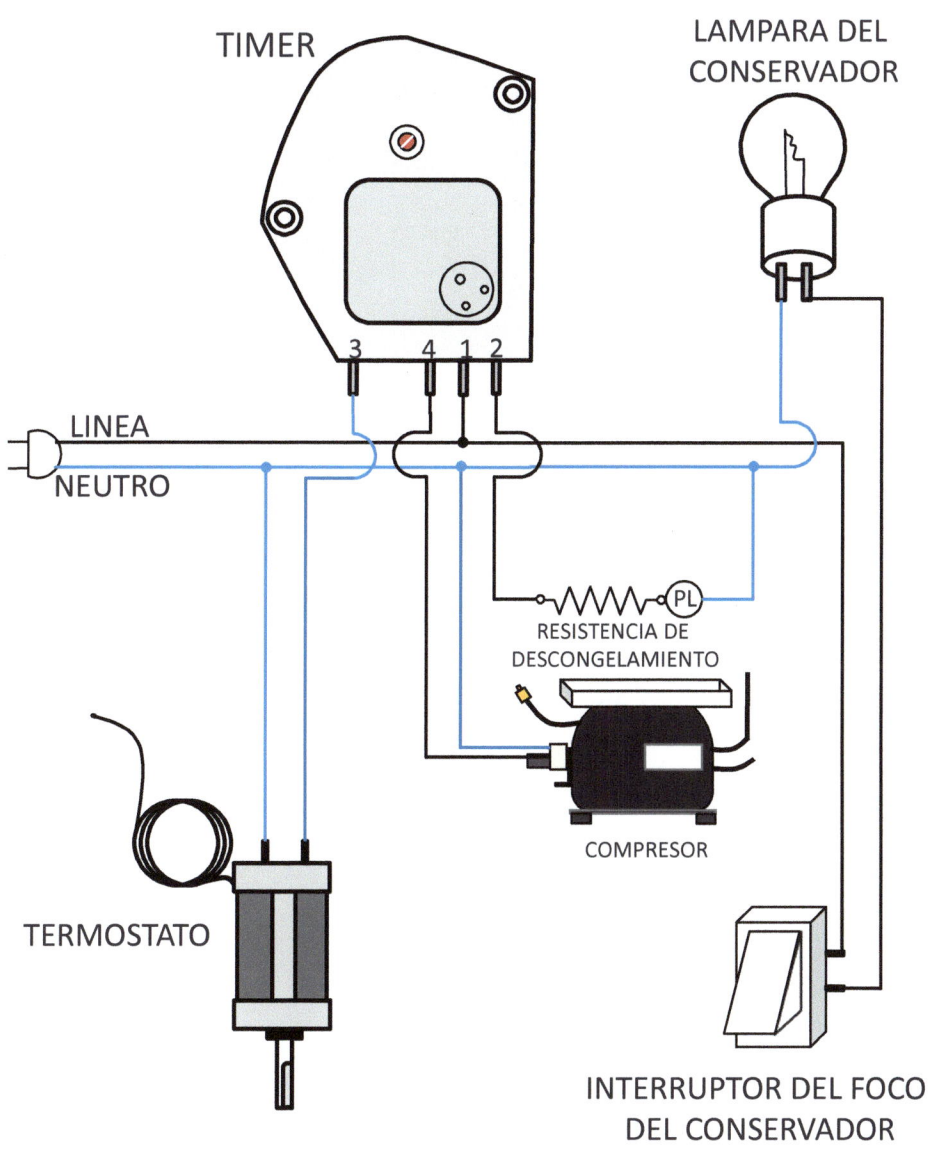

TIMER

LAMPARA DEL CONSERVADOR

3   4   1   2

LINEA

NEUTRO

RESISTENCIA DE DESCONGELAMIENTO

COMPRESOR

TERMOSTATO

INTERRUPTOR DEL FOCO DEL CONSERVADOR

CONTROL PRINCIPAL ELECTRÓNICO

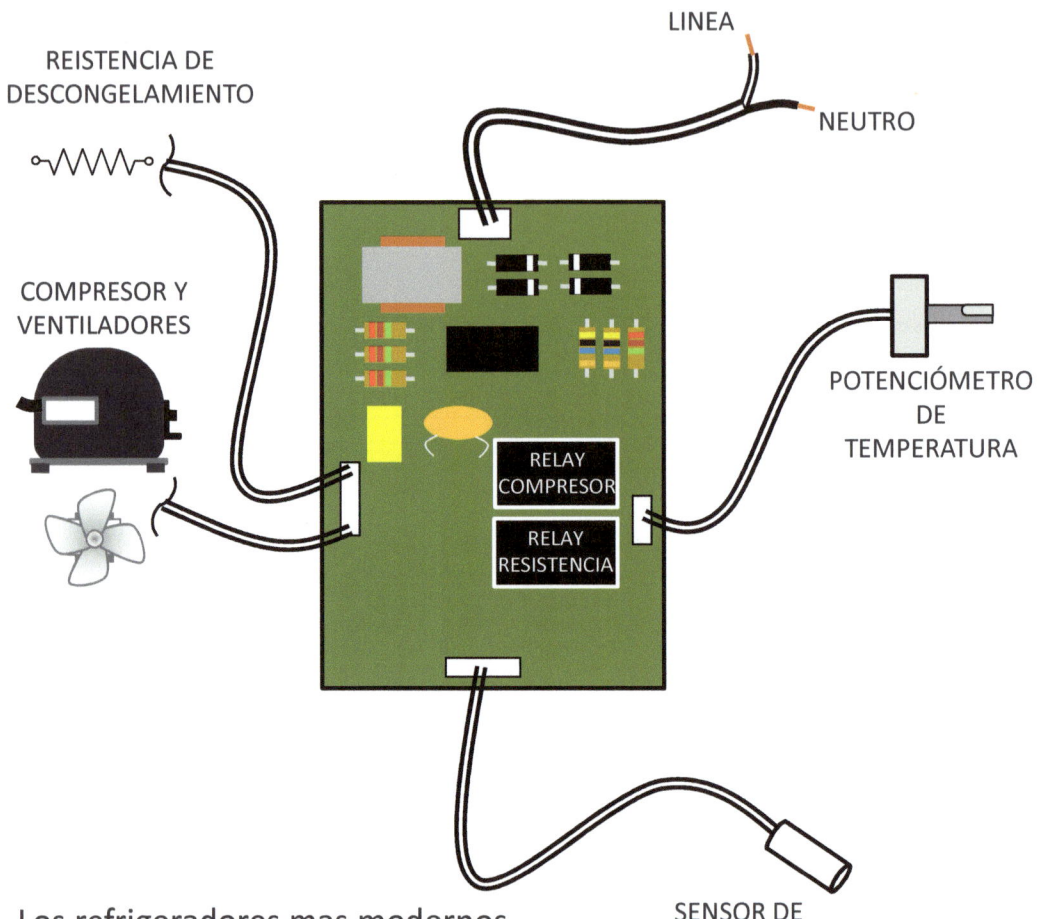

REISTENCIA DE DESCONGELAMIENTO

COMPRESOR Y VENTILADORES

LINEA

NEUTRO

POTENCIÓMETRO DE TEMPERATURA

RELAY COMPRESOR

RELAY RESISTENCIA

SENSOR DE TEMPERATURA

Los refrigeradores mas modernos tienen una tarjeta electrónica encargada de controlar los ciclos de refrigeración y descongelamiento, generalmente son de tiro forzado pero también lo tienen los de tiro natural.

POR DESGRACIA, CUANDO ALGÚN COMPONENTE DEL REFRIGERADOR FALLA ES PORQUE POSIBLEMENTE LA TARJETA ELÉCTRONICA SE HAYA DESCOMPUESTO

CONEXIÓN DE LA TUBERÍA DEL LADO DE BAJA PRESIÓN

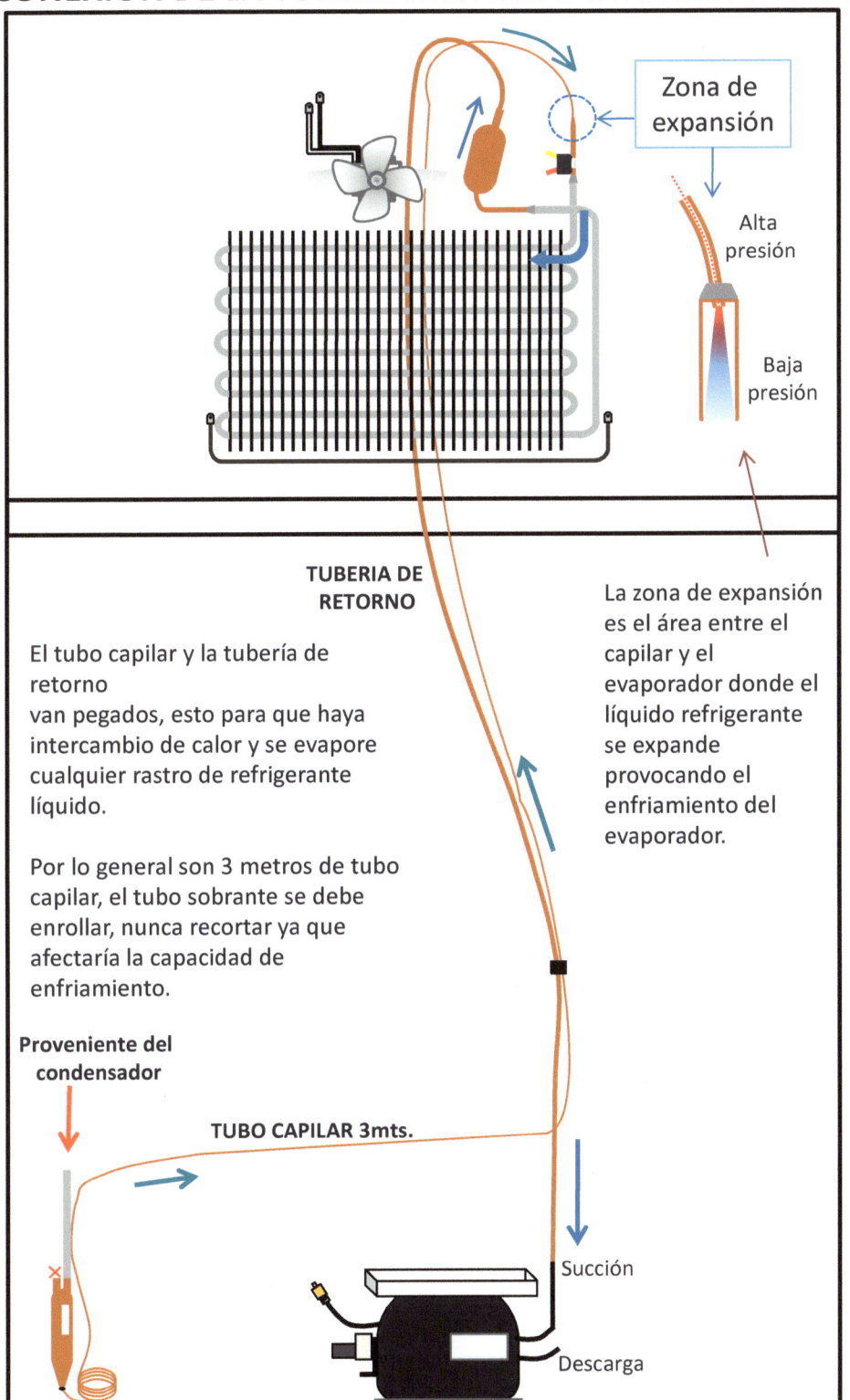

Zona de expansión

Alta presión

Baja presión

TUBERIA DE RETORNO

El tubo capilar y la tubería de retorno
van pegados, esto para que haya intercambio de calor y se evapore cualquier rastro de refrigerante líquido.

Por lo general son 3 metros de tubo capilar, el tubo sobrante se debe enrollar, nunca recortar ya que afectaría la capacidad de enfriamiento.

La zona de expansión es el área entre el capilar y el evaporador donde el líquido refrigerante se expande provocando el enfriamiento del evaporador.

Proveniente del condensador

TUBO CAPILAR 3mts.

Succión

Descarga

CONEXIÓN DE LA TUBERÍA DEL LADO DE ALTA PRESIÓN

La tubería del condensador pasa también por el marco de la puerta del conservador y del congelador para que el calor de la tubería evite que las puertas se atoren con hielo.

A veces el filtro secador tiene una entrada extra que está tapada, esto para conectar una válvula de servicio si se desea.

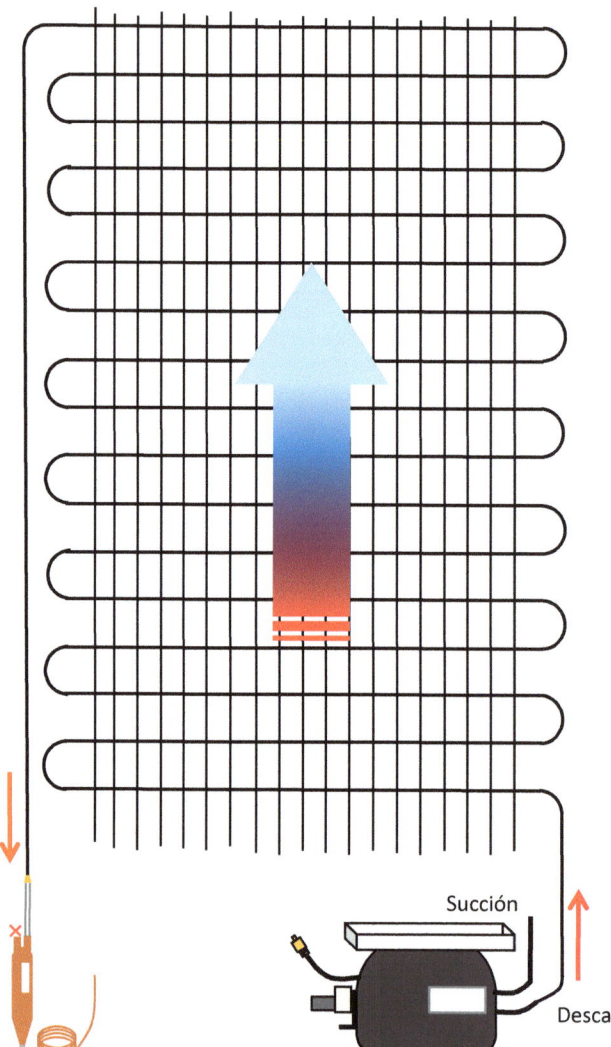

Succión

Descarga

CONDENSADOR (PARTE INTERNA)

Los refrigeradores tienen extendido el condensador alrededor del marco de las puertas, esto para que el calor del lado de alta no permita que se forme hielo en los márgenes de las puertas y se atoren.   Lo tienen tanto los refrigeradores de tiro natural como los de tiro forzado.

   Es extraño que ocurra alguna fuga en esta parte pues no hay uniones de soldadura, el tubo es de una sola pieza.

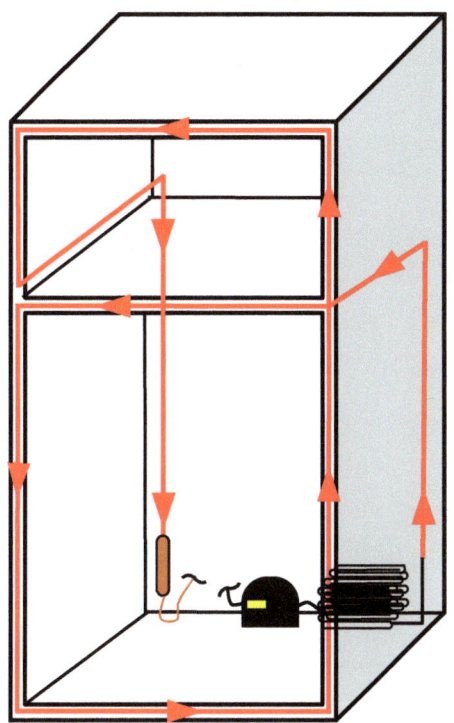

DIAGRAMA ELÉCTRICO DE REFRIGERADOR DE TIRO NATURAL

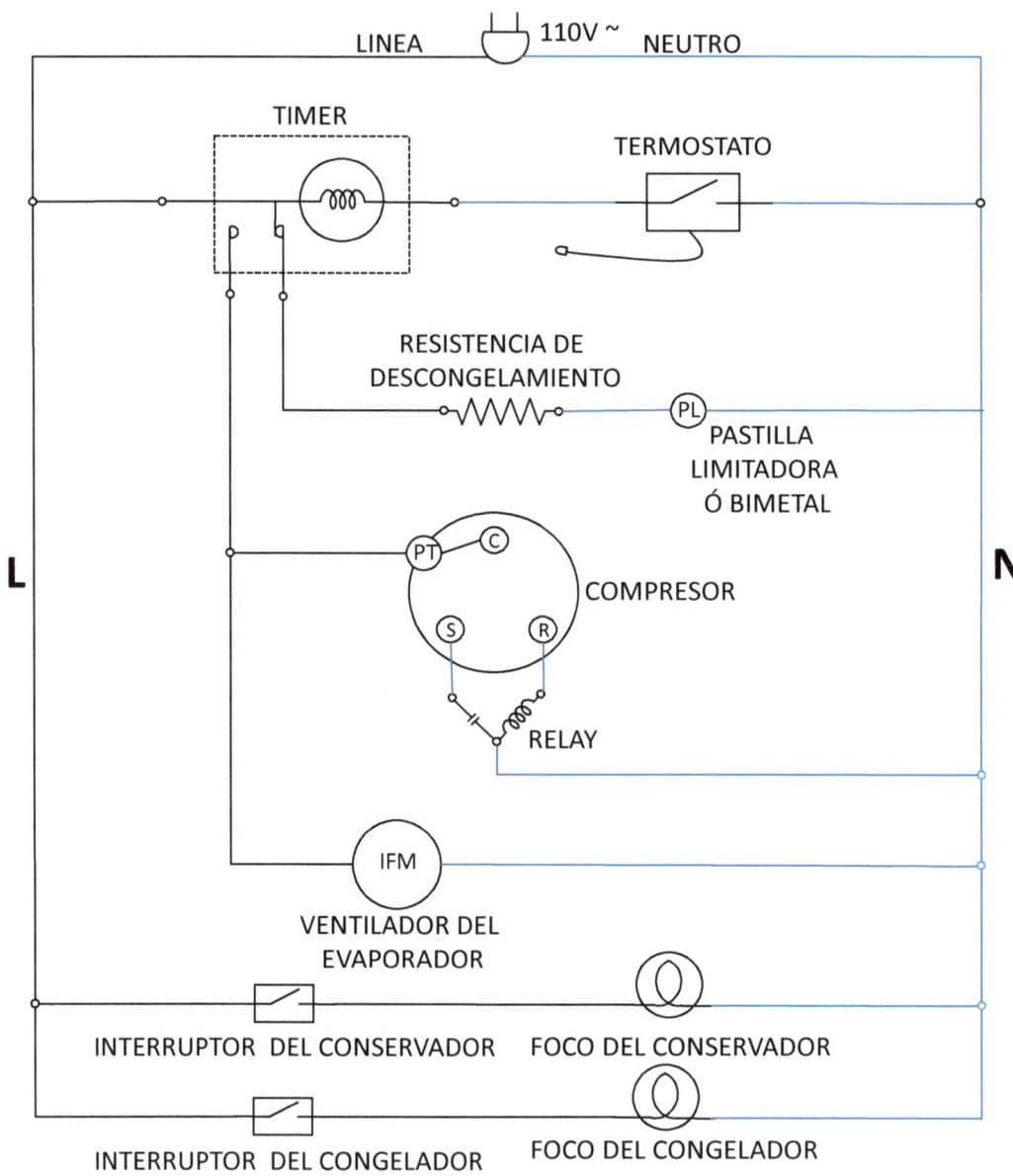

DIAGRAMA ELÉCTRICO DE REFRIGERADOR CON TARJETA ELECTRÓNICA

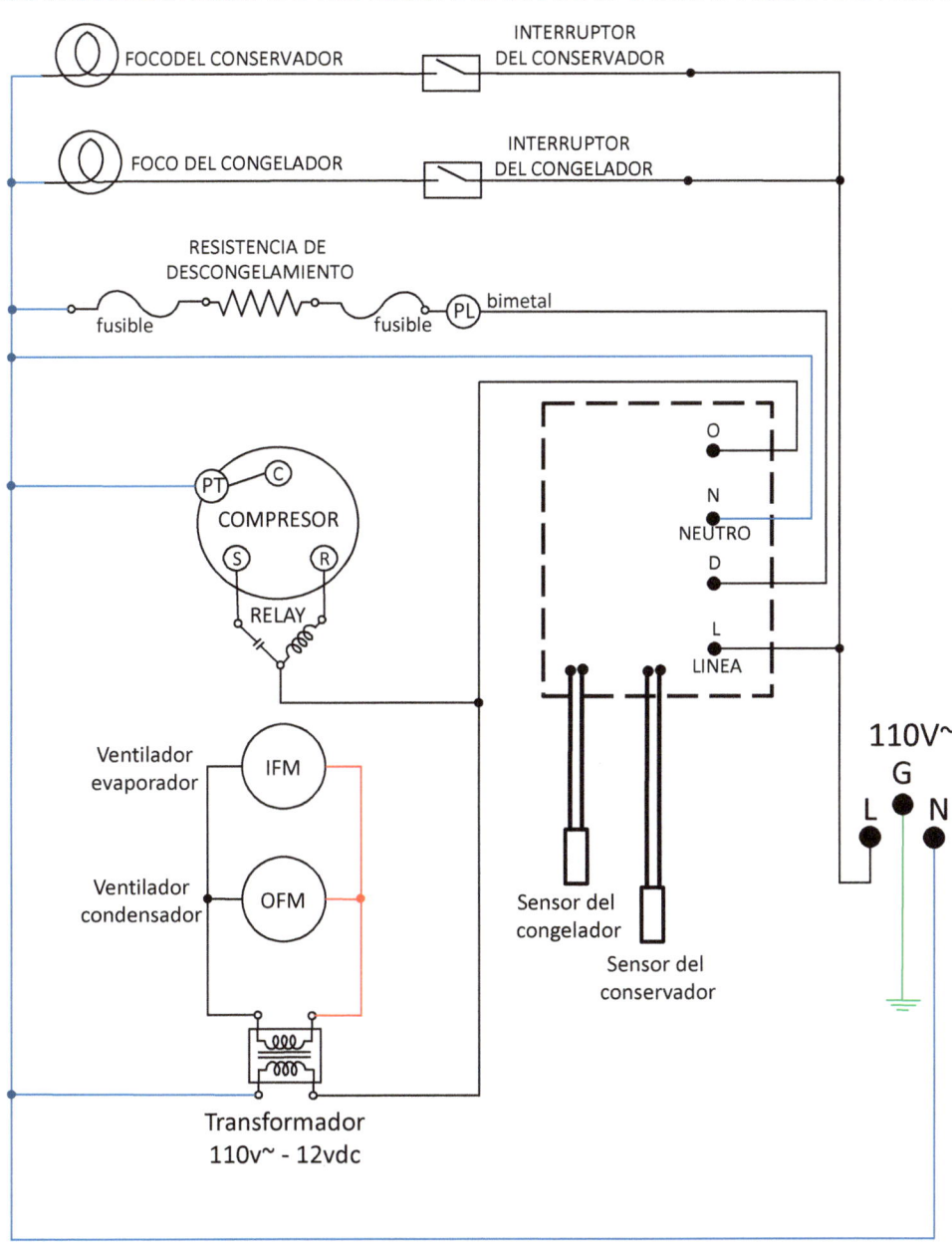

FALLAS MÁS COMUNES

1   <u>**EL REFRIGERADOR NO ENFRÍA O ENFRÍA POCO**</u>

A) RELÉ DE ARRANQUE DAÑADO

B) FALTA DE REFRIGERANTE (FUGA)

C) "TIMER" DE DESCONGELAMIENTO DESCOMPUESTO

D) TAPONAMIENTO DEL TUBO CAPILAR O FILTRO SECADOR

E) COMPRESOR DAÑADO

2   **EL CONGELADOR SE LLENÓ DE ESCARCHA**

NOTA: Sobrellenar el refrigerador así como meter cosas calientes o tener el termostato al máximo provoca un exceso de trabajo para el compresor ocasionando que el refrigerador no enfríe.

2 EL EVAPORADOR SE LLENA DE ESCARCHA

F) RESISTENCIA DE DESCONGELAMIENTO DESCOMPUESTO

G) VENTILADOR DEL CONGELADOR NO FUNCIONA

H) PASTILLA LIMITADORA (BIMETAL) DESCOMPUESTO

C "TIMER" DE DESCONGELAMIENTO DESCOMPUESTO

3 EL REFRIGERADOR ENCIENDE UNOS MINUTOS Y SE APAGA

I) CONDENSADOR SUCIO

J) EXCESO DE REFRIGERANTE

A ARRANCADOR DAÑADO

4 EL REFRIGERADOR NUNCA SE APAGA

K) TERMOSTATO PEGADO

L) ABERTURA EN PUERTA DEL REFRIGERADOR

C   TIMER DE DESCONGELAMIENTO DAÑADO

5   EL REFRIGERADOR NO ENCIENDE

K   TERMOSTATO DAÑADO

C   TIMER DE DESCONGELAMIENTO DAÑADO

M) CABLE DE ALIMENTACIÓN DESCONECTADO

6 EL REFRIGERADOR DA CHOQUES ELÉCTRICOS

N) MALA CONEXIÓN DEL CABLEADO ELÉCTRICO

O) CABLES O PARTES ELÉCTRICAS EN CONTACTO CON EL CUERPO DEL REFRIGERADOR

P) EL REFRIGERADOR NO ESTÁ ATERRIZADO

Q) CHARCOS DE AGUA DEL DESAGÜE EN CONTACTO CON LOS CABLES DE CORRIENTE.

E EL COMPRESOR ESTA ATERRIZADO INTERNAMENTE. (COMPRESOR DAÑADO)

7 EL REFRIGERADOR HACE RUIDO

R) REFRIGERADOR DESNIVELADO

S) COMPRESOR MAL COLOCADO

T) CONDENSADOR FLOJO

F EXCESO DE ESCARCHA EN EL EVAPORADOR

E COMPRESOR DAÑADO

8 LA(S) LAMPARA(S) NO ENCIENDEN

U) LAMPARA DESCOMPUESTA

V) INTERRUPTOR DE PUERTA DAÑADO

W) CONEXIÓN ELÉCTRICA ERRÓNEA

M NO HAY CORRIENTE EN EL REFRIGERADOR

9 INFORMACION ADICIONAL

X) ACEITES

Y) COMPRESORES

Z) RECOMENDACIONES SOBRE EL GAS REFRIGERANTE

RELÉ DE ARRANQUE ESTÁ DAÑADO

Cuando el relé está dañado se alcanza a percibir en el compresor un sonido parecido a un zumbido seguido de un *"click"*, eso es debido a que el compresor quiere arrancar pero por culpa del relé dañado el compresor no logra encender, entonces se apaga dejando pasar un lapso de unos 3 minutos antes de intentar volver encender.

Para comprobarlo **solo es necesario sustituirlo por otro relé**, el compresor deberá encender, pero si no se cuenta con un relé a la mano tendremos que arrancar el compresor de forma manual. Primero retiraremos el relé o cualquier dispositivo de arranque que tenga el compresor dejando descubiertos los tres pines:

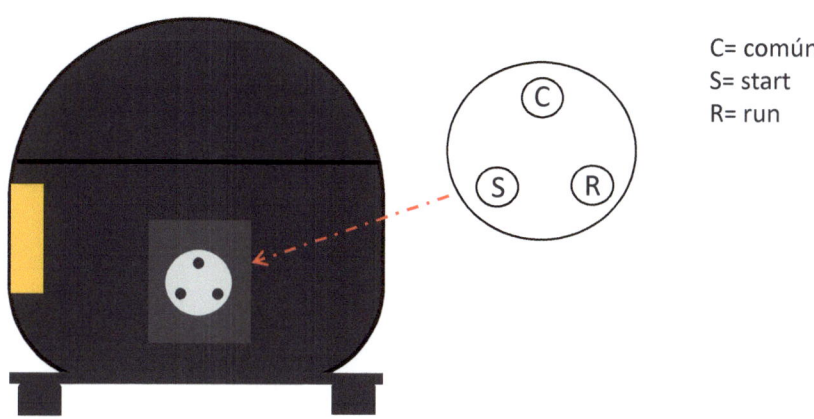

C= común
S= start
R= run

Conectaremos la línea al "COMUN" y el neutro a "RUN" y con un desarmador haremos contacto a "START" con "RUN" por un instante. De esta manera el compresor deberá arrancar, si no lo hace repita hasta que encienda.

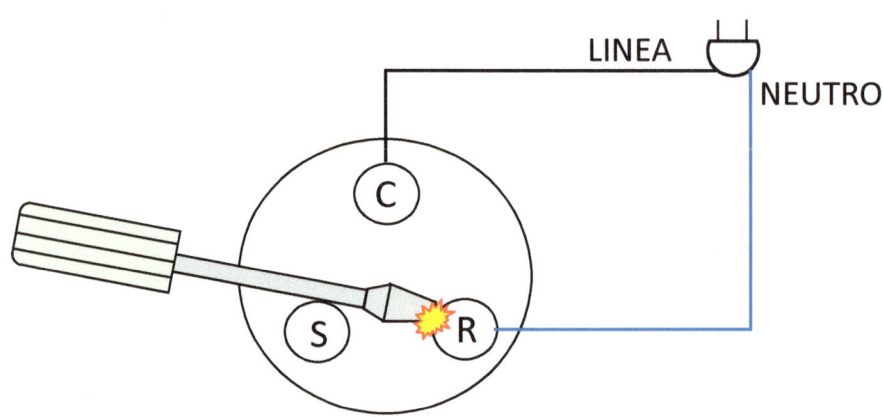

Si el compresor encendió entonces sabremos que era el relé que estaba dañado y solo será necesario sustituirlo por otro nuevo.

Por el contrario si el compresor nunca encendió y la chispa es bastante grande en los pines entonces el compresor es el que estaba dañado ya que el motor se suele "pegar" por dentro. Será necesario sustituir el compresor. Pase a la sección "COMPRESOR DAÑADO".

Se puede fabricar un enchufe con dos caimanes para facilitar el trabajo

CONECTAR UN START KIT

Conectar un Kit de arranque resulta muy efectivo a la hora de remplazar el arrancador, ya que cuenta con protección térmica y un capacitor seco de cierta capacidad lo que le da un mejor arranque al compresor. Para conectarlo haga lo siguiente:

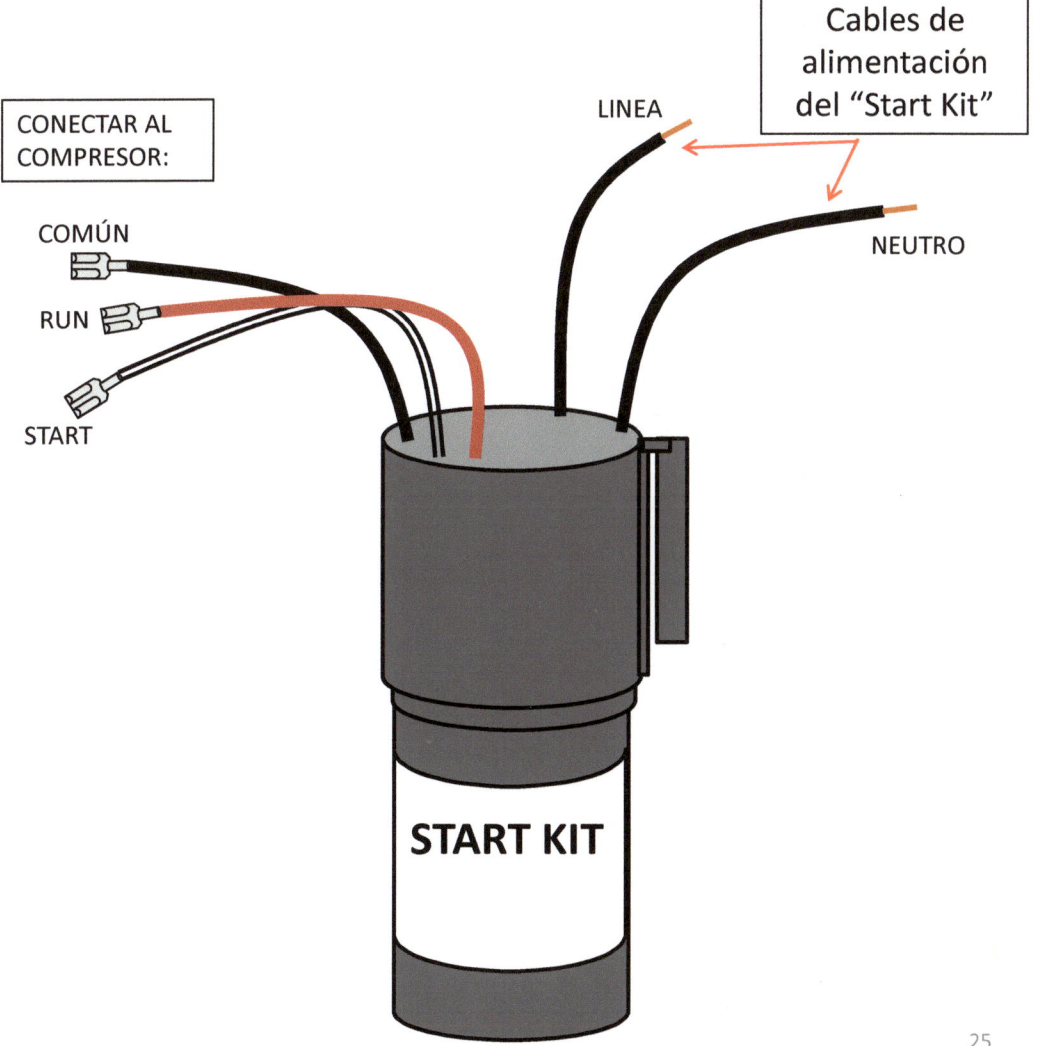

Cables de alimentación del "Start Kit"

LINEA

NEUTRO

CONECTAR AL COMPRESOR:

COMÚN

RUN

START

START KIT

FUGA DE GAS

Medir la presión.

   Si el compresor enciende normalmente pero el refrigerador no enfría nada entonces tenemos un problema con el gas refrigerante. Procederemos a comprobar si el refrigerador tiene gas.   Si el refrigerador ya fue reparado anteriormente por una fuga entonces busquemos la válvula de servicio, y estando el refrigerador apagado conectaremos el manómetro del lado de baja en la válvula de servicio:

Cuando un refrigerador tiene fuga el manómetro indica una baja presión generalmente menos de 80 psi ó si el refrigerador está encendido la aguja se va al vacío.

30 lbs.

cerrada

cerrada

APAGADO

COMPROBAR SI EL REFRIGERADOR TIENE UNA FUGA

Midiendo el amperaje de trabajo.

Si el compresor no tiene válvula entonces utilizaremos un multímetro para medir los amperes de trabajo normal.

Para hacer esto utilizaremos un amperímetro o multímetro de gancho y colocaremos la pinza en la Línea y mediremos el consumo y lo compararemos con lo que diga la etiqueta de especificaciones del compresor en el recuadro que diga RLA *"Run Load Amper"* (amperaje a plena carga) que en este ejemplo son 1.49 Amperes. **Si el refrigerador tiene refrigerante, el multímetro debe marcar un valor aproximado a lo que indica la etiqueta, por otro lado, si ya no tiene gas, el multímetro indicara un valor mucho menor puesto que no hay nada de refrigerante que comprimir.**

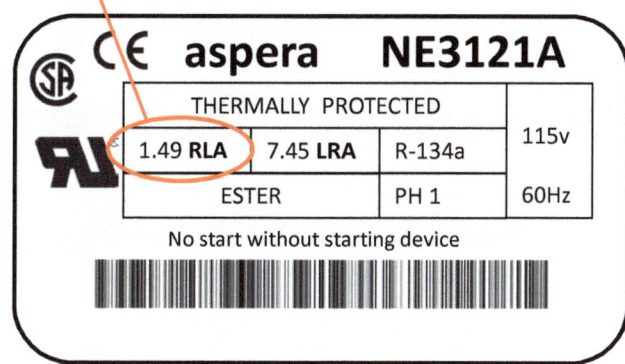

Si la etiqueta solo tiene el recuadro de LRA entonces dividiremos ese amperaje entre 5 y así nos dará el amperaje de trabajo normal.

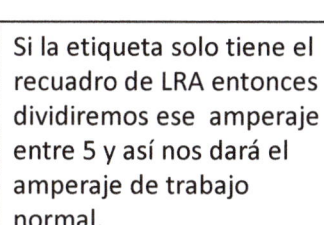

RLA *"Run Load Amper"* (amperaje normal de trabajo)

LRA *"Locked Rotor Amper"* (amperaje de arranque)

aspera   NE3121A

THERMALLY PROTECTED			115v
1.49 **RLA**	7.45 **LRA**	R-134a	
ESTER		PH 1	60Hz

No start without starting device

REPARANDO LA FUGA DEL REFRIGERADOR

Ya comprobado la falta de gas procederemos a encontrar el orificio por donde se está escapando el refrigerante. Casi siempre están en las uniones de las tuberías del compresor ó en el filtro secador así que empezaremos a buscar **manchas de aceite** en esas áreas.

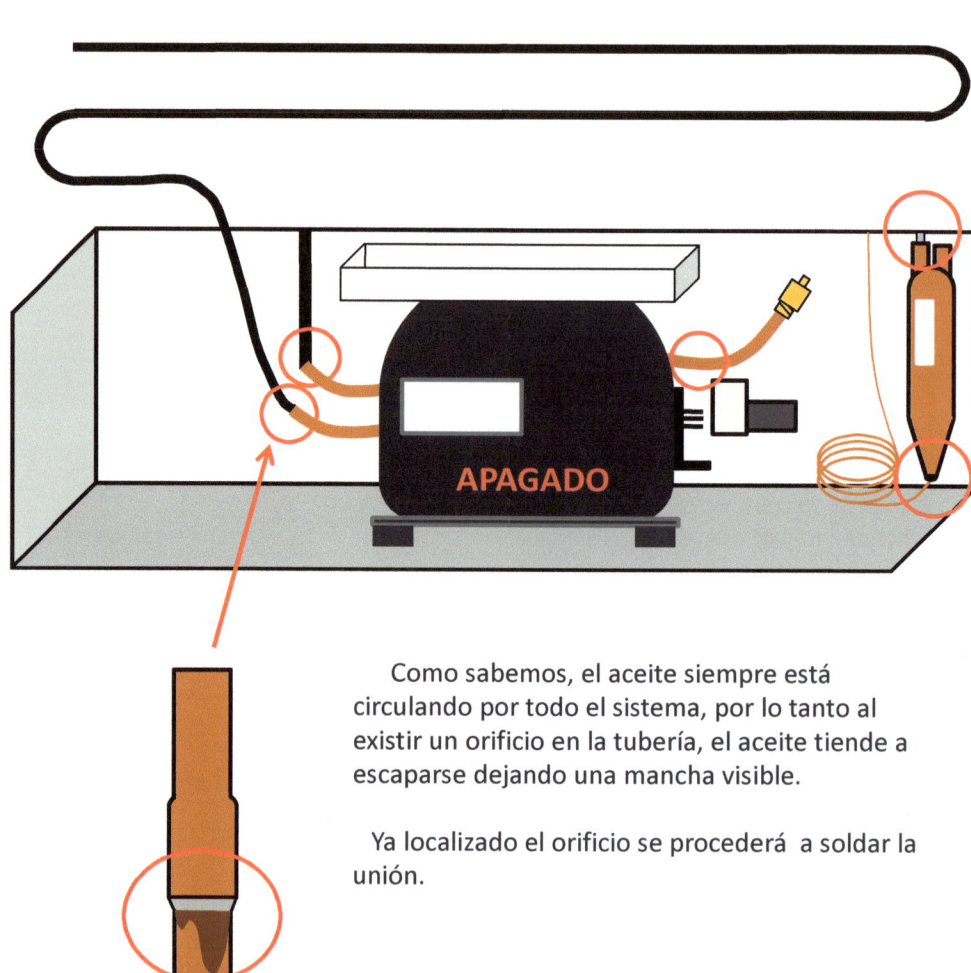

Como sabemos, el aceite siempre está circulando por todo el sistema, por lo tanto al existir un orificio en la tubería, el aceite tiende a escaparse dejando una mancha visible.

Ya localizado el orificio se procederá a soldar la unión.

SOLDANDO LA UNIÓN

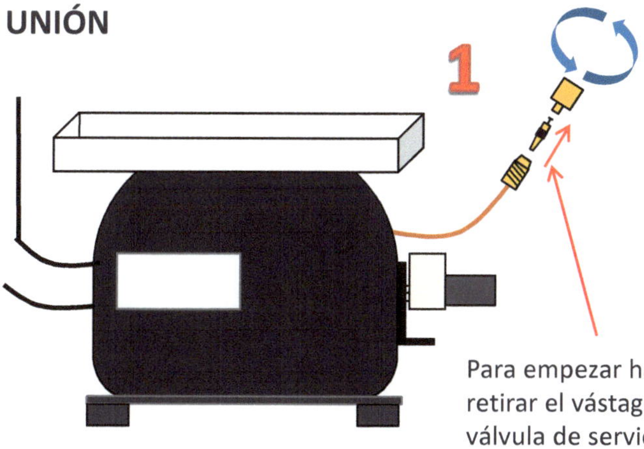

1

Para empezar hay que retirar el vástago de la válvula de servicio para que salga el resto del gas y para que salga el aire caliente cuando se solde.

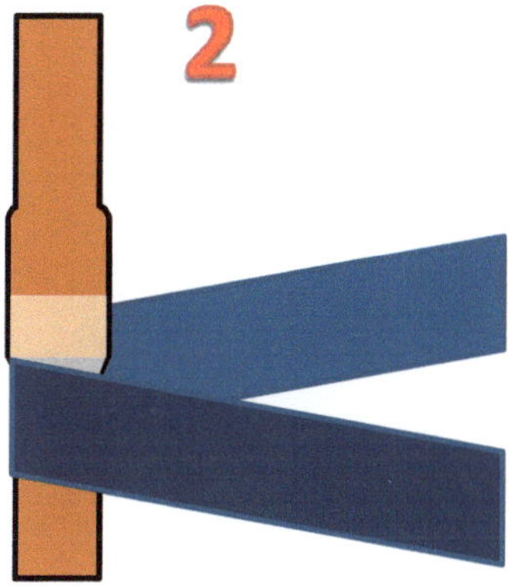

2

Lije el área a soldar para retirar residuos de aceite y óxidos.

3

Caliente el tubo hasta que se ponga al rojo vivo..

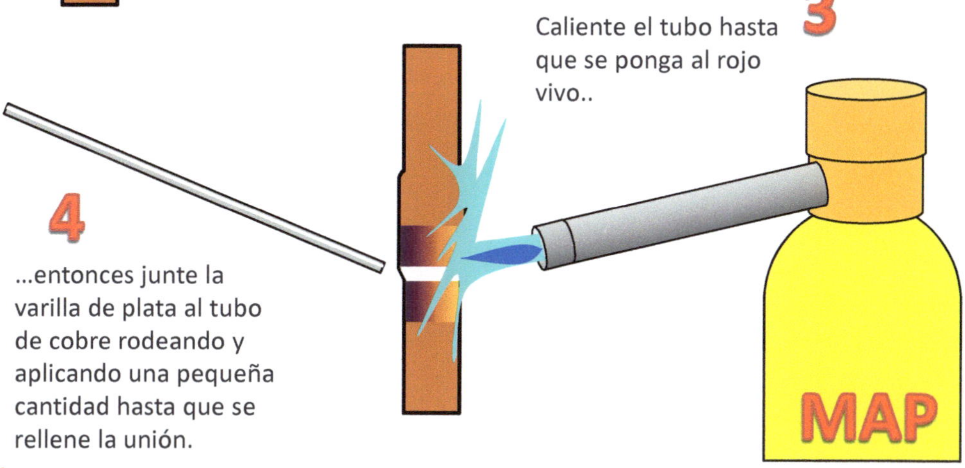

MAP

4

...entonces junte la varilla de plata al tubo de cobre rodeando y aplicando una pequeña cantidad hasta que se rellene la unión.

 NUNCA SOLDE HABIENDO PRESIÓN EN EL SISTEMA

METER PRESIÓN PARA PROBAR LA SOLDADURA

2 Conectar la manguera de alta en la válvula de servicio del compresor y la manguera amarilla a la válvula de descarga de la bomba de vacío.

1 Vuelva a colocar el vástago en la válvula

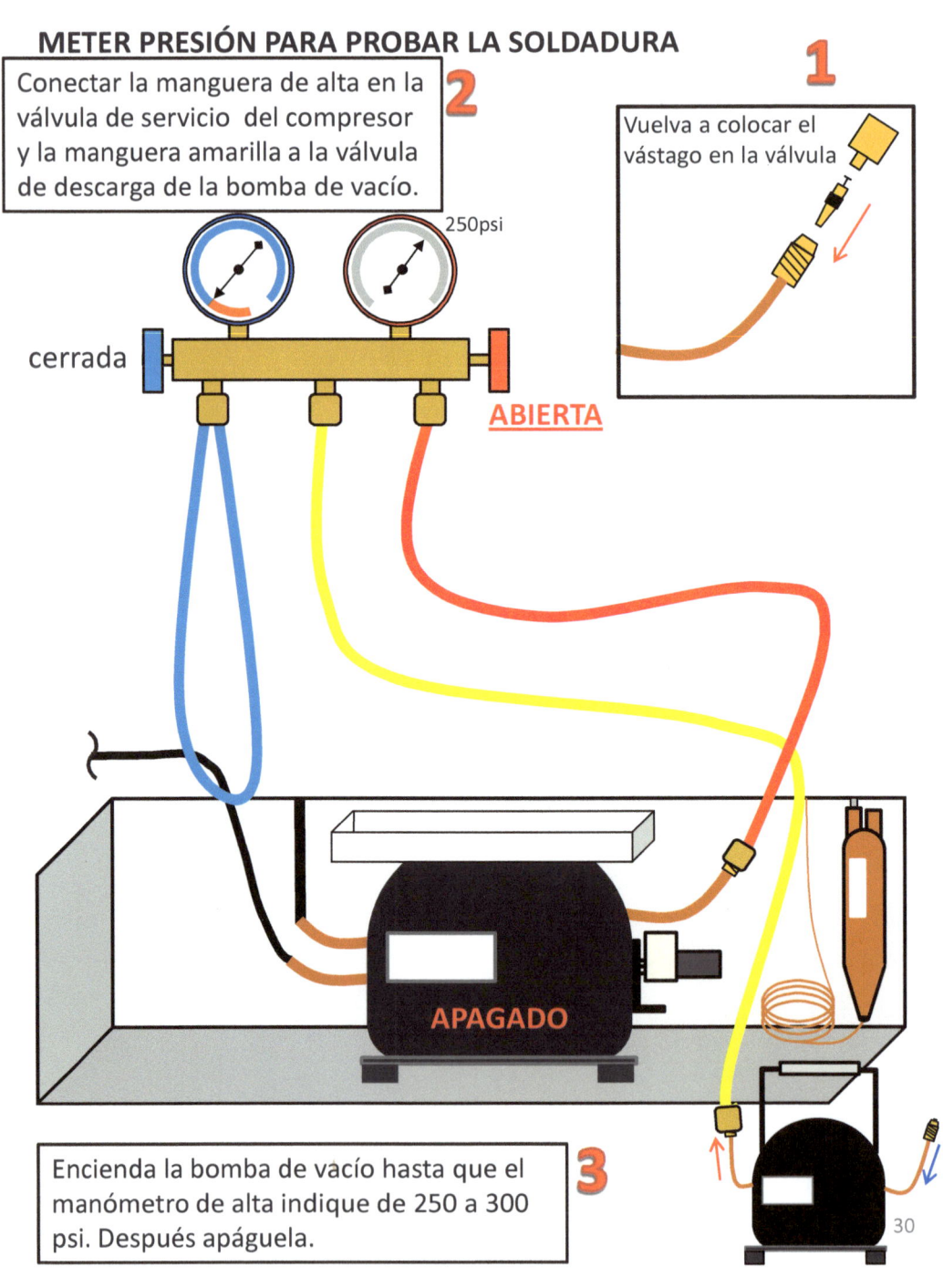

250psi

cerrada

ABIERTA

APAGADO

3 Encienda la bomba de vacío hasta que el manómetro de alta indique de 250 a 300 psi. Después apáguela.

30

VERIFICAR QUE NO HAYA FUGA

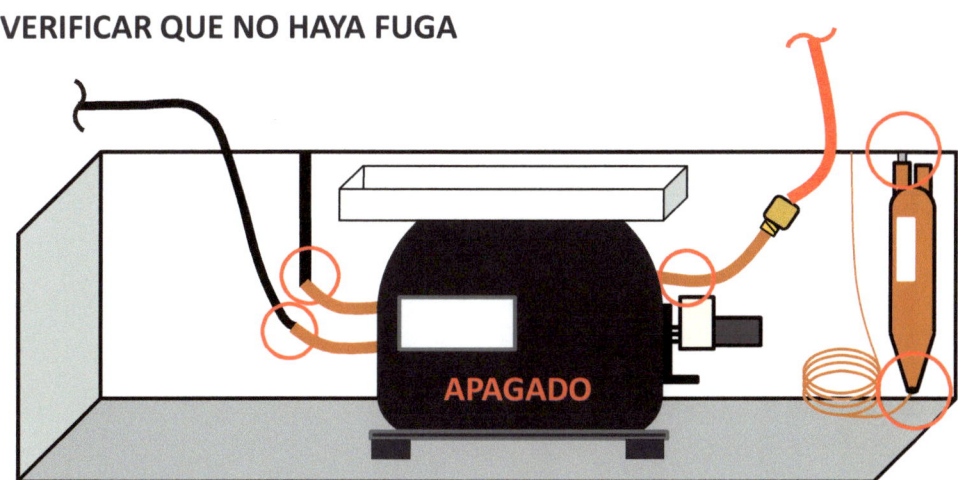

Rocíe agua jabonosa en las uniones y verificar que no se produzcan burbujas, de esta manera sabremos donde pueda estar saliendo aire por algún otro orificio.

4

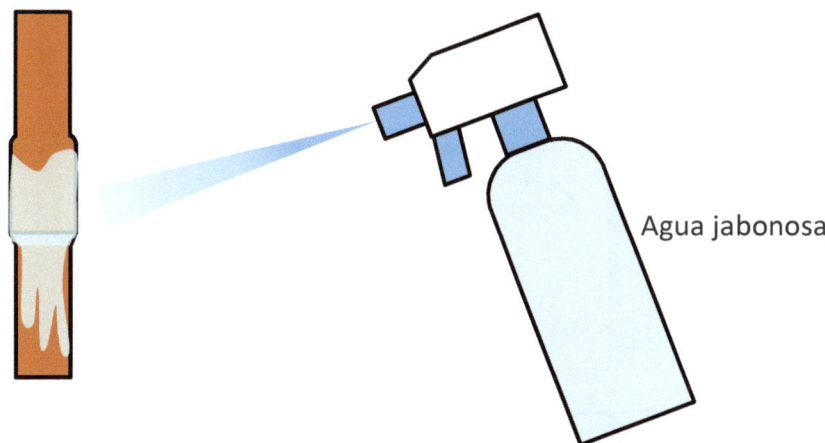

Agua jabonosa

Si salen burbujas entonces la soldadura quedó defectuosa y se tendrá que volver a soldar hasta que ya no existan mas fugas. Si no salen burbujas entonces procederemos a hacer vacío para agregar el gas. **Expulse el aire lentamente.**

Desconecte la llave amarilla de la bomba de vacío y abra despacio la llave de alta para dejar escapar todo el aire.

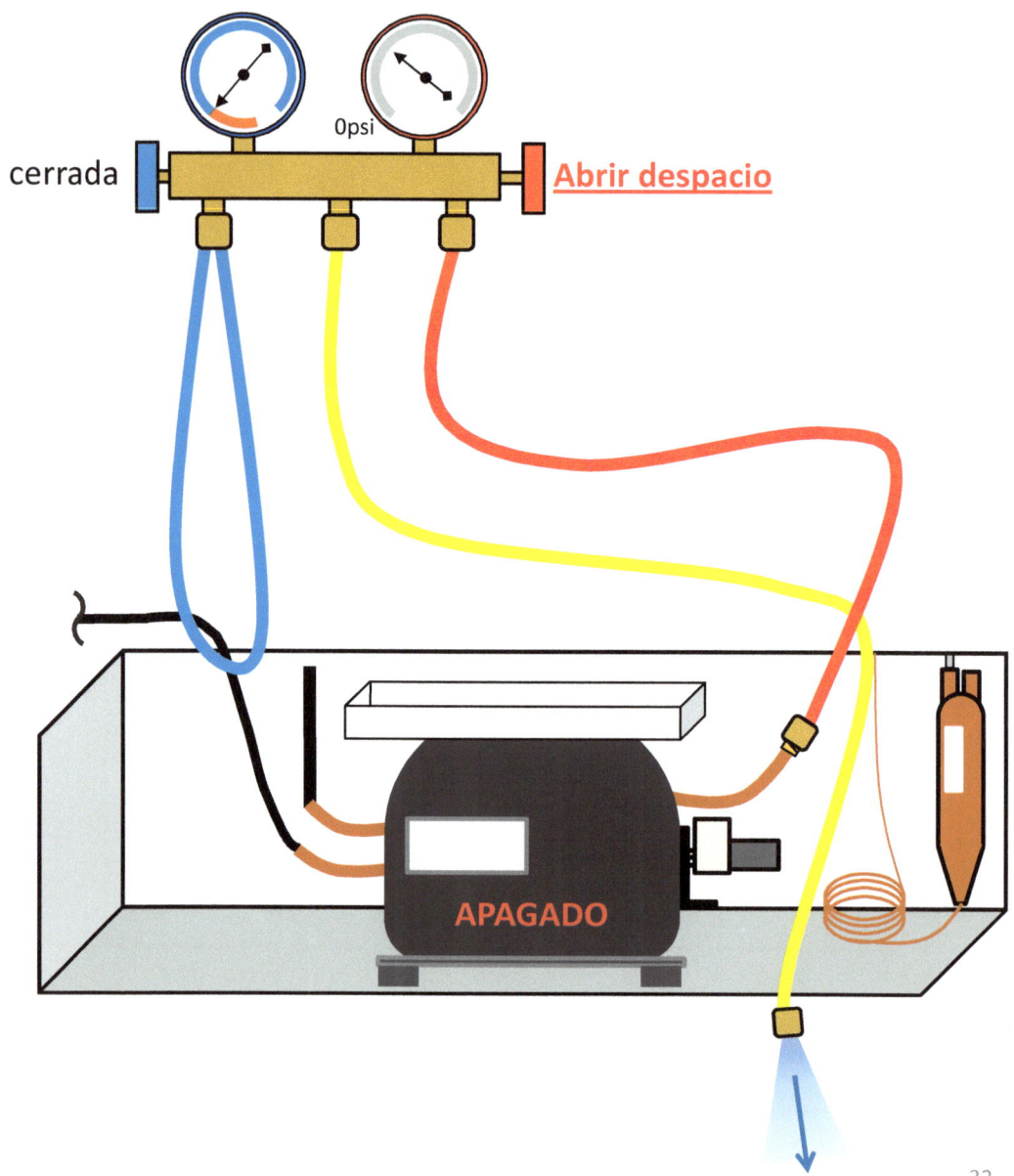

HACER VACÍO

Conecte la manguera del manómetro de baja a la válvula de servicio del compresor, y la manguera amarilla a la válvula de succión de la bomba de vacío.

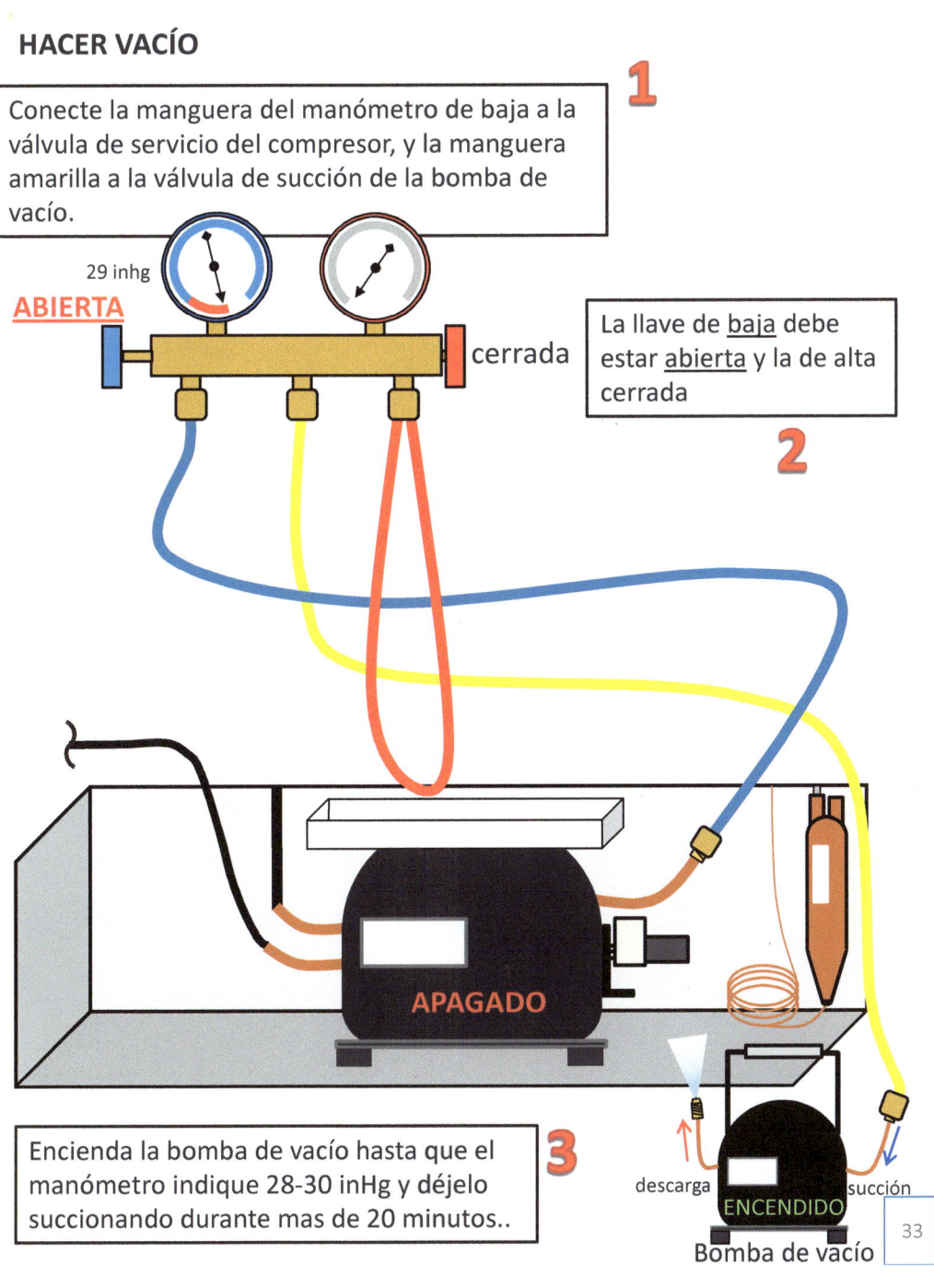

29 inhg

ABIERTA

cerrada

La llave de baja debe estar abierta y la de alta cerrada

APAGADO

Encienda la bomba de vacío hasta que el manómetro indique 28-30 inHg y déjelo succionando durante mas de 20 minutos..

descarga

ENCENDIDO

succión

Bomba de vacío

COMPROBAR EL VACÍO

Pasados mas de 20 minutos, cierre la llave del manómetro de baja y apague la bomba de vacío.   Observe con atención la aguja, esta debe permanecer en su lugar, esto indicará que no está succionando aire por algún orificio, o sea que no hay fugas.

MANTENGA EN OBSERVACIÓN POR AL MENOS 30 MINUTOS

cerrada

Sin embargo si la aguja se desplaza de vuelta a 0 psi quiere decir que en alguna parte de la tubería hay un orificio por donde está entrando aire, entonces habrá que repetir el procedimiento de meter presión, buscar la fuga y soldar.

cerrada

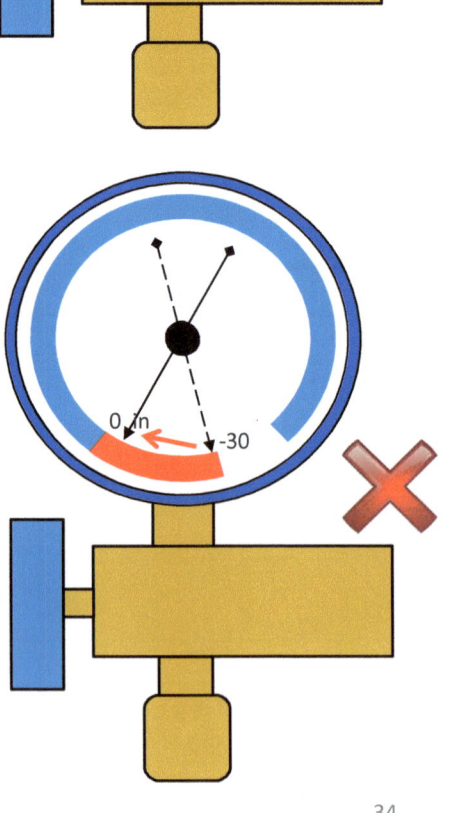

CARGAR EL GAS REFRIGERANTE R134-a

La llave del manómetro de baja debe estar cerrada, el refrigerador apagado y la manguera amarilla debe estar conectada al cilindro de gas refrigerante. Deberá usarse un pequeño adaptador para conectar la manguera al cilindro fig.1

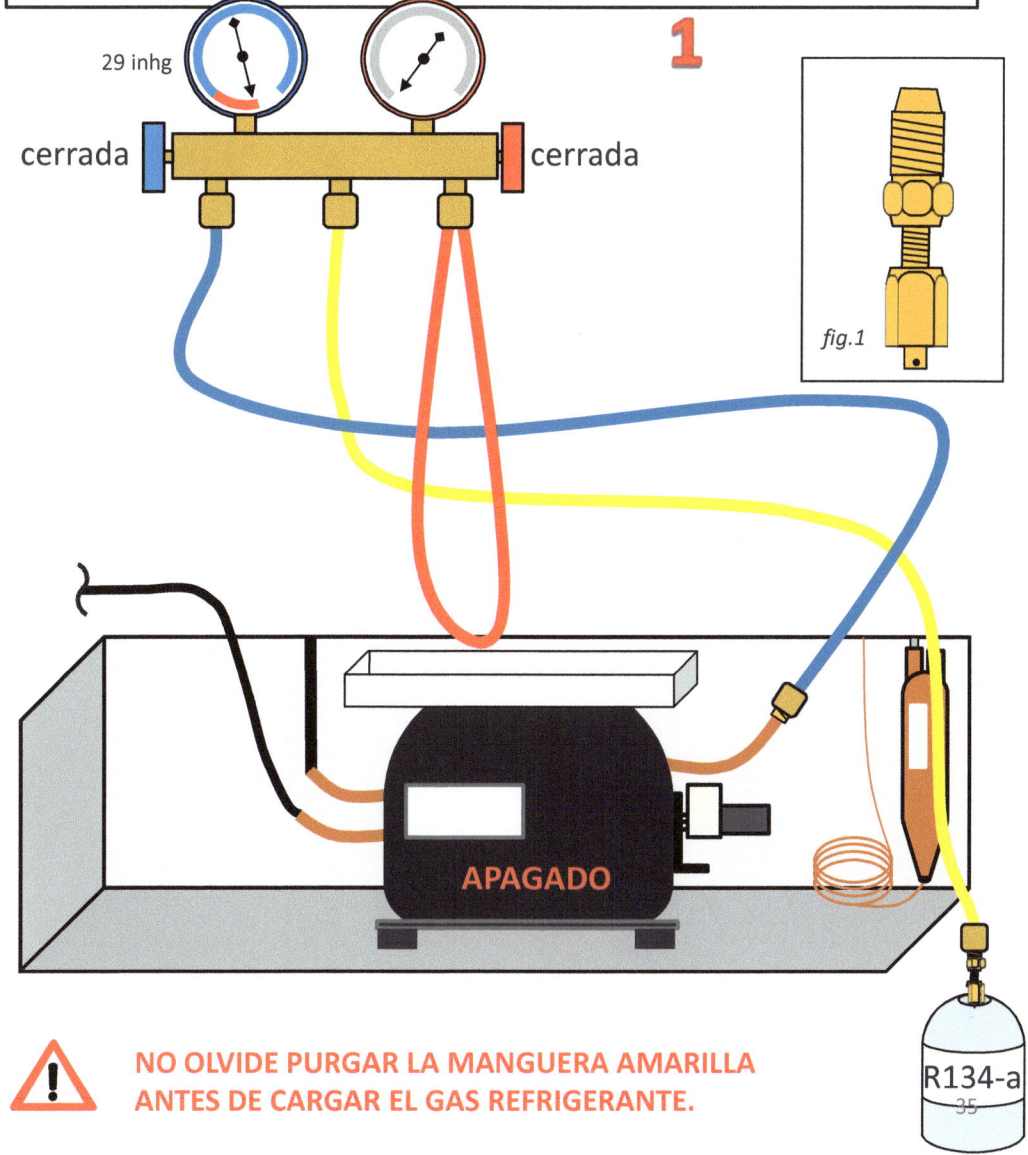

29 inhg

cerrada   cerrada

1

fig.1

APAGADO

R134-a
35

⚠ NO OLVIDE PURGAR LA MANGUERA AMARILLA
ANTES DE CARGAR EL GAS REFRIGERANTE.

2

Purgue la manguera de servicio. Para hacer esto solo deje escapar un poco de refrigerante. Afloje el conector del manómetro por unos 2 segundos y luego apriete.

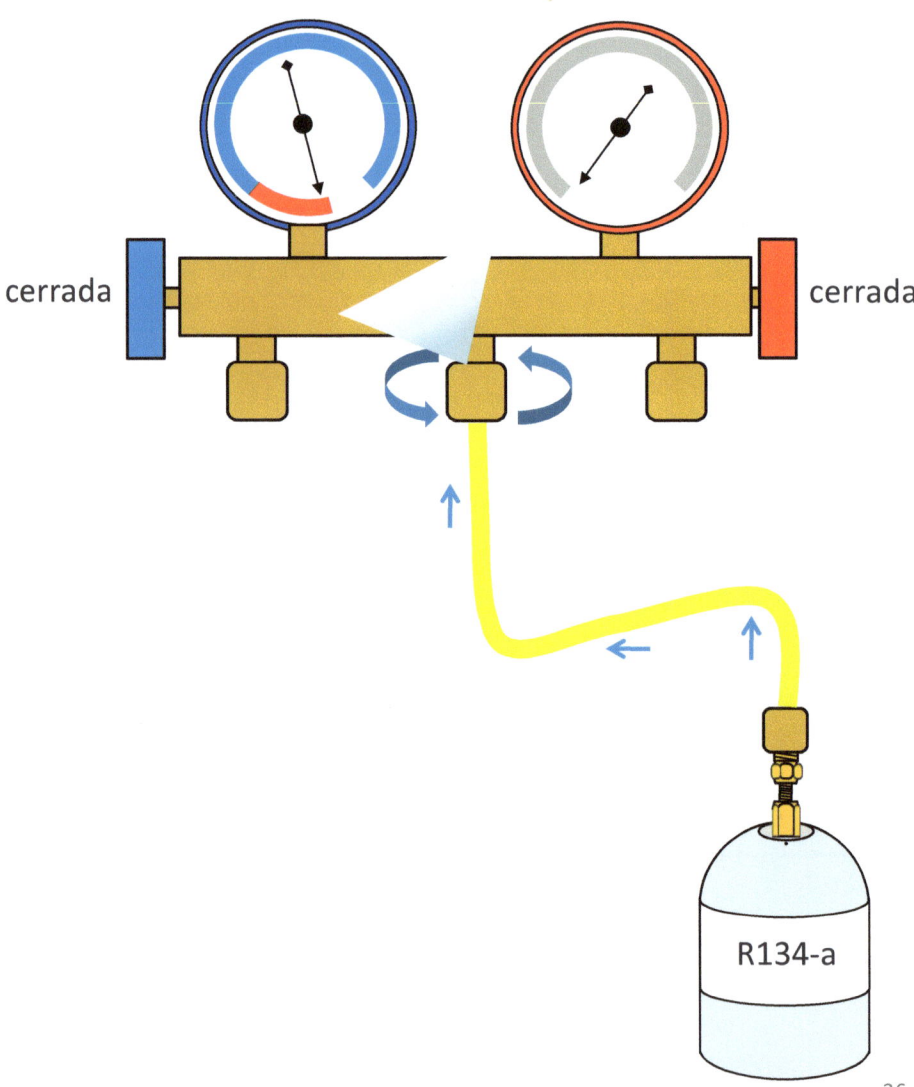

cerrada

cerrada

R134-a

3 Con el compresor apagado, abra la llave del manómetro de baja y deje entrar el refrigerante hasta que ya no entre más.

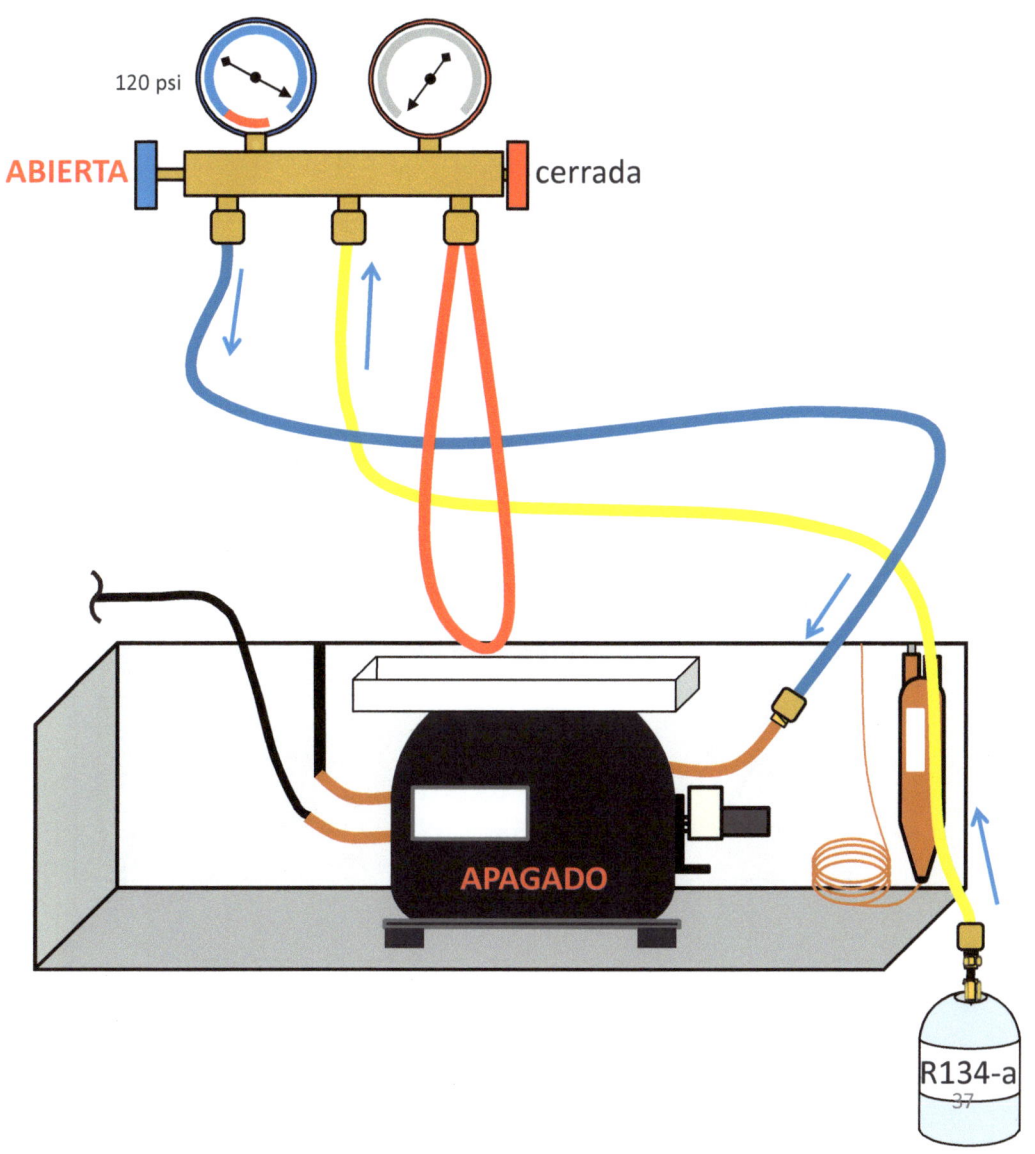

120 psi

ABIERTA

cerrada

APAGADO

R134-a

4 Cierre la llave de baja y encienda el refrigerador.   Notará como la aguja de baja regresará hasta menos de 0 psi.

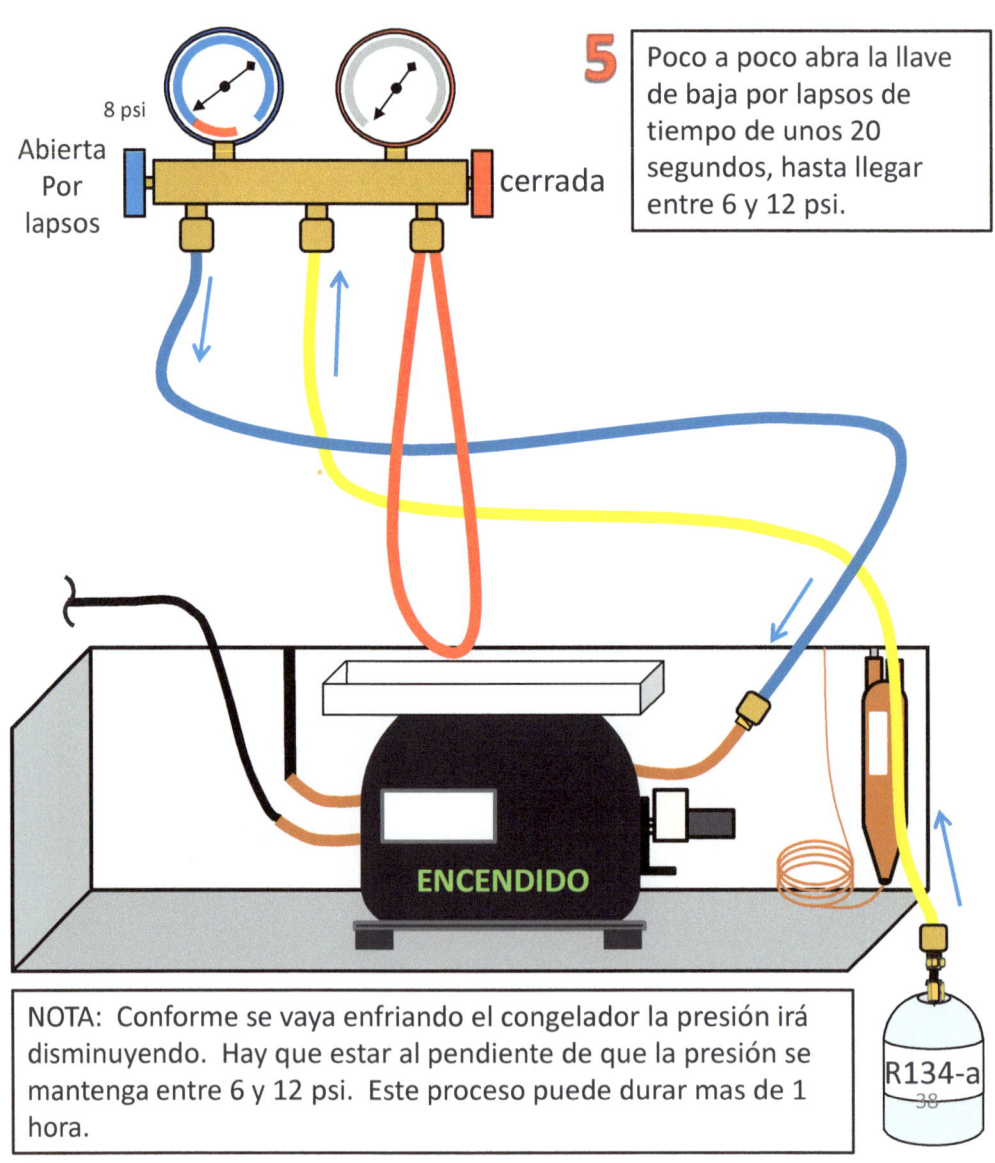

5 Poco a poco abra la llave de baja por lapsos de tiempo de unos 20 segundos, hasta llegar entre 6 y 12 psi.

8 psi

Abierta Por lapsos

cerrada

ENCENDIDO

R134-a
38

NOTA: Conforme se vaya enfriando el congelador la presión irá disminuyendo. Hay que estar al pendiente de que la presión se mantenga entre 6 y 12 psi. Este proceso puede durar mas de 1 hora.

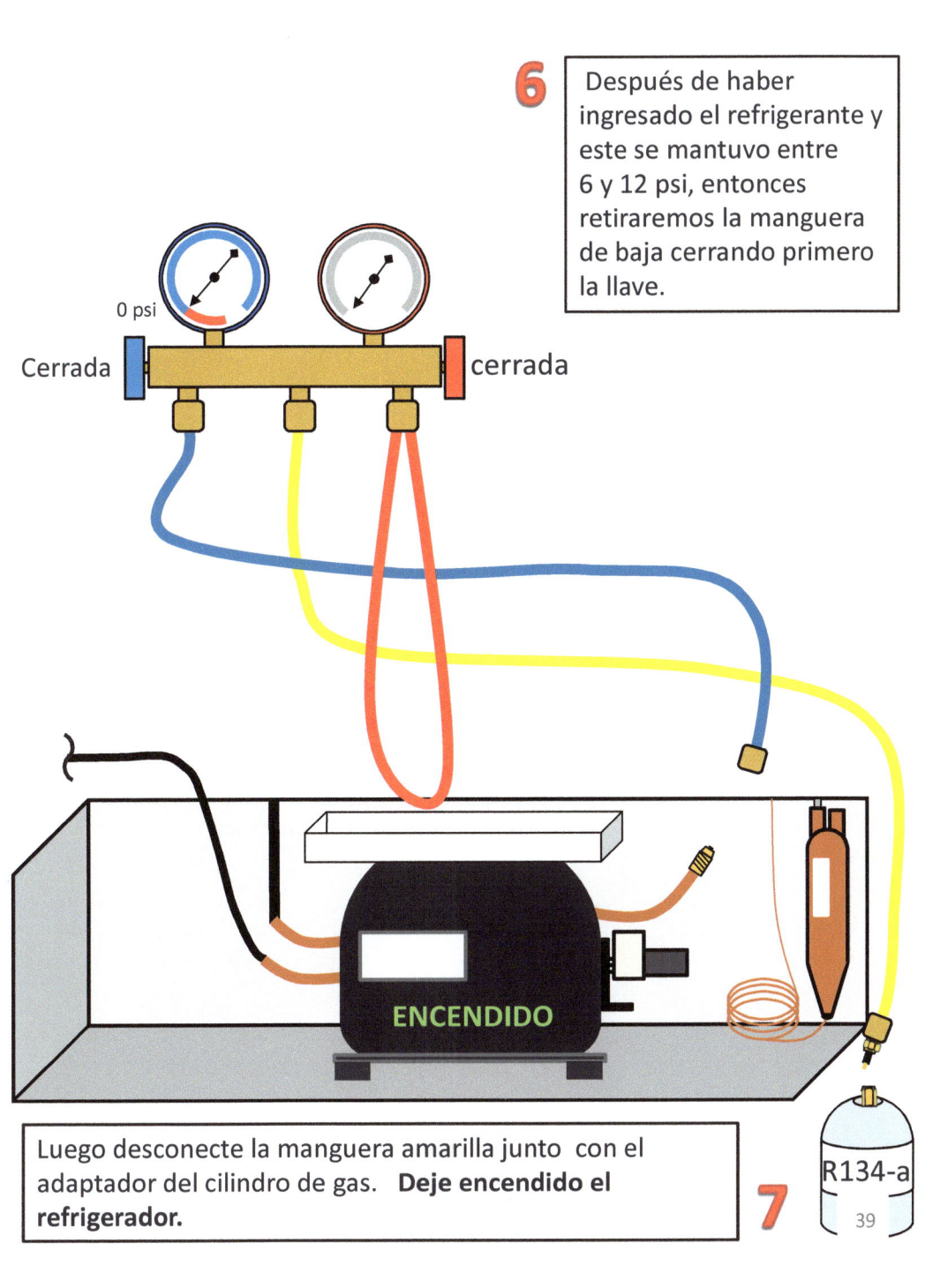

6 Después de haber ingresado el refrigerante y este se mantuvo entre 6 y 12 psi, entonces retiraremos la manguera de baja cerrando primero la llave.

0 psi

Cerrada

cerrada

ENCENDIDO

Luego desconecte la manguera amarilla junto con el adaptador del cilindro de gas. **Deje encendido el refrigerador.**

7

R134-a

39

TAPANDO FUGA DE EVAPORADOR DE PLACA

Si por accidente a picado el evaporador y se a formado una fuga de gas, solo se puede reparar usando Soldadura Fría.

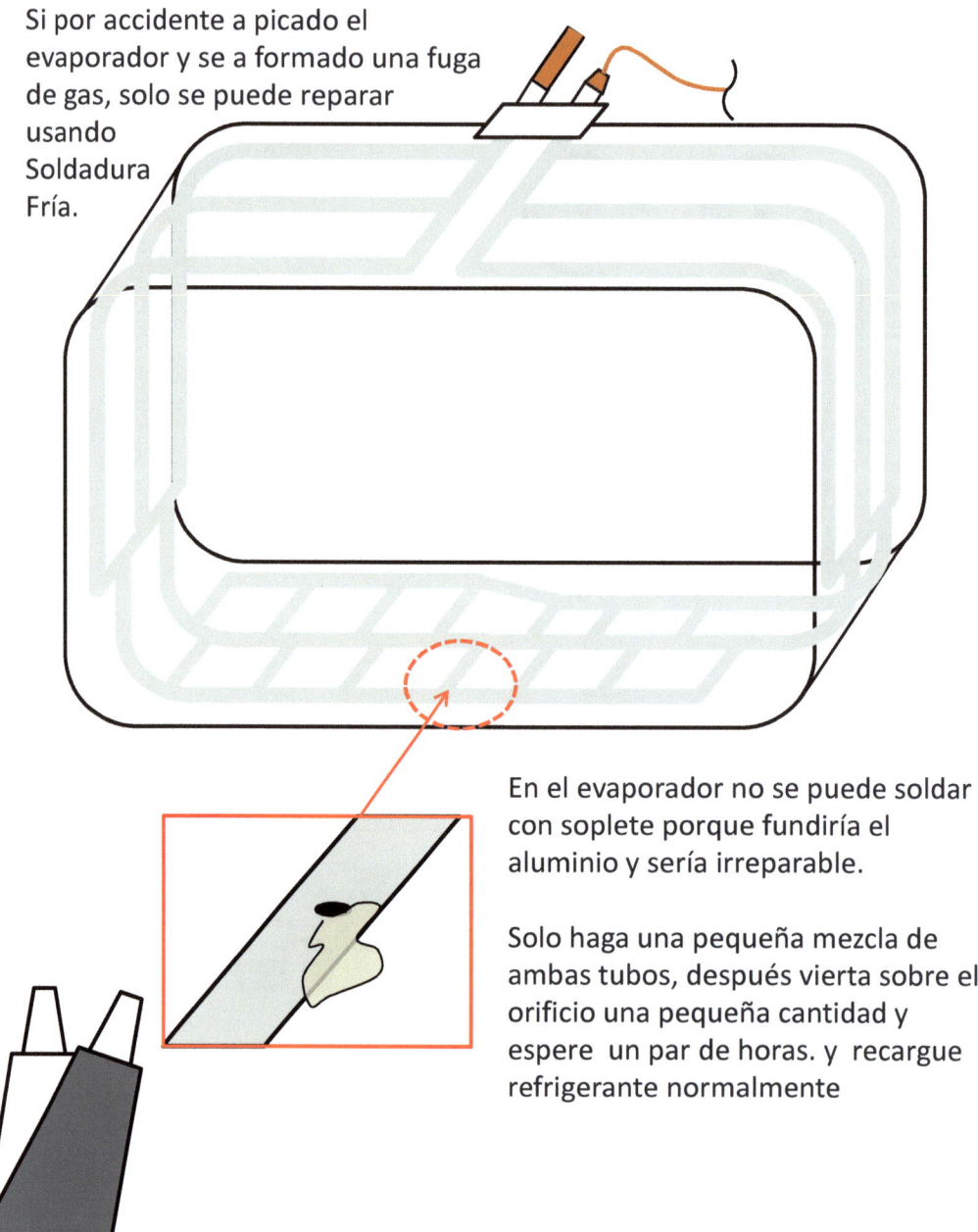

En el evaporador no se puede soldar con soplete porque fundiría el aluminio y sería irreparable.

Solo haga una pequeña mezcla de ambas tubos, después vierta sobre el orificio una pequeña cantidad y espere un par de horas. y recargue refrigerante normalmente

40

CANTIDAD DE GAS REFRIGERANTE

En un costado del interior del refrigerador hay una etiqueta donde se muestra información sobre el refrigerador, en ella viene la cantidad de refrigerante que debe de llevar el refrigerador. Puede venir en diferentes unidades de medida.

PRESIÓN DE DISEÑO	LADO DE ALTA	335 psi
	LADO DE BAJA	140 psi
REFRIGERANTE 134 a	CARGA 128 gr	
AGENTE HINCHANTE	R22 / 141 b	
CONSUMO 115V ~ 60Hz	3.0A	335W

Para poder agregar la cantidad de refrigerante exacto se necesitará una báscula electrónica. Si no se cuenta con una se puede agregar el refrigerante poco a poco hasta llegar de 6-12 psi.

Si no sabe cuanta cantidad de refrigerante necesita, entonces vaya agregando gas poco a poco hasta alcanzar de 6 a 12 psi. Vigile el refrigerador durante una hora.

 **"TIMER" DE DESCONGELAMIENTO DESCOMPUESTO**

Interior del timer

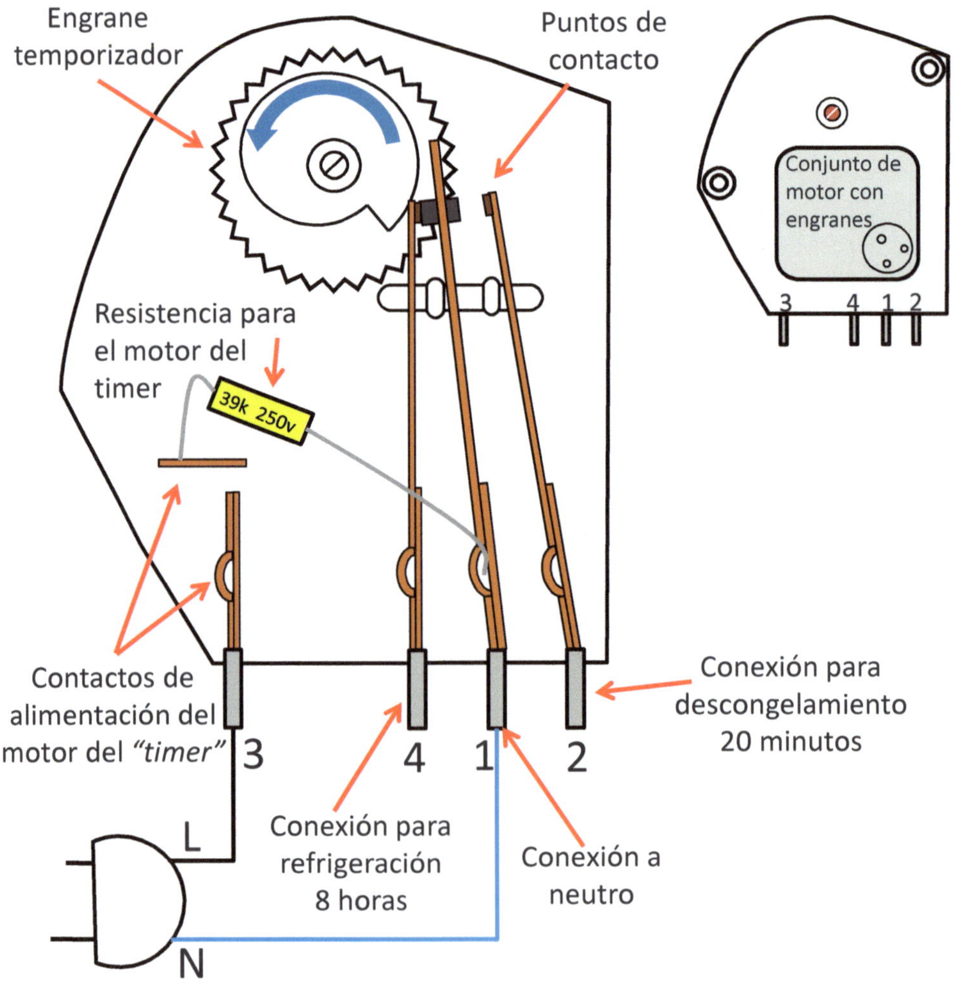

Engrane temporizador

Puntos de contacto

Resistencia para el motor del timer

39k 250v

Conjunto de motor con engranes

3   4 1 2

Contactos de alimentación del motor del *"timer"* 3

Conexión para descongelamiento 20 minutos

L

Conexión para refrigeración 8 horas

Conexión a neutro

N

4   1   2

El timer tiene dos etapas: **modo refrigeración y modo descongelamiento.** Cuando el timer deja de funcionar, el refrigerador se puede quedar atorado en una de las dos etapas:

SI SE ATORA EN ETAPA DE REFRIGERACIÓN: El refrigerador comienza a formar mucha escarcha en el evaporador y el refrigerador deja de enfriar en la parte de abajo.

SI SE ATORA EN ETAPA DE DESCONGELAMIENTO: El compresor no enciende jamás y el refrigerador no enfría para nada.

Si tenemos cualquiera de estos dos síntomas hay que revisar el timer. Para probarlo habrá que alimentarlo directamente para ver si funciona.

El timer se encuentra en el interior del refrigerador donde está el termostato. En algunos refrigeradores esta cerca del compresor. Retírelo y haga lo siguiente:

Conectaremos la línea al conector "3" y el neutro al conector "1".

Deberá escucharse el sonido del motor o verlo trabajar directamente si la tapa es transparente.

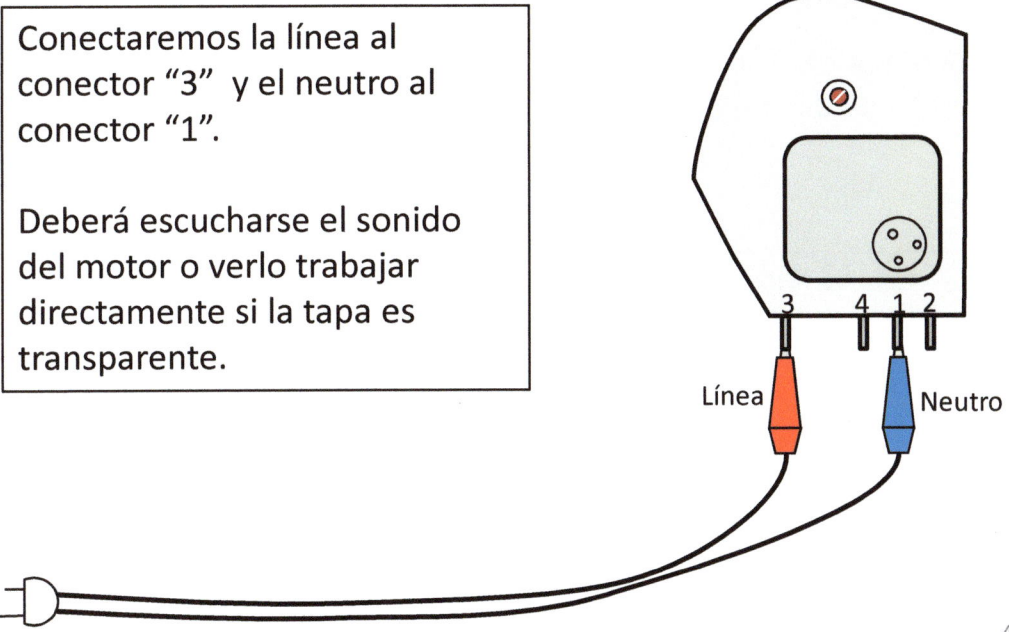

Si el motor del timer funciona correctamente entonces el problema puede estar el los contactos del interior del *"timer"* .

Con un multímetro probaremos la continuidad en los conectores **1,4** y **1,2**:

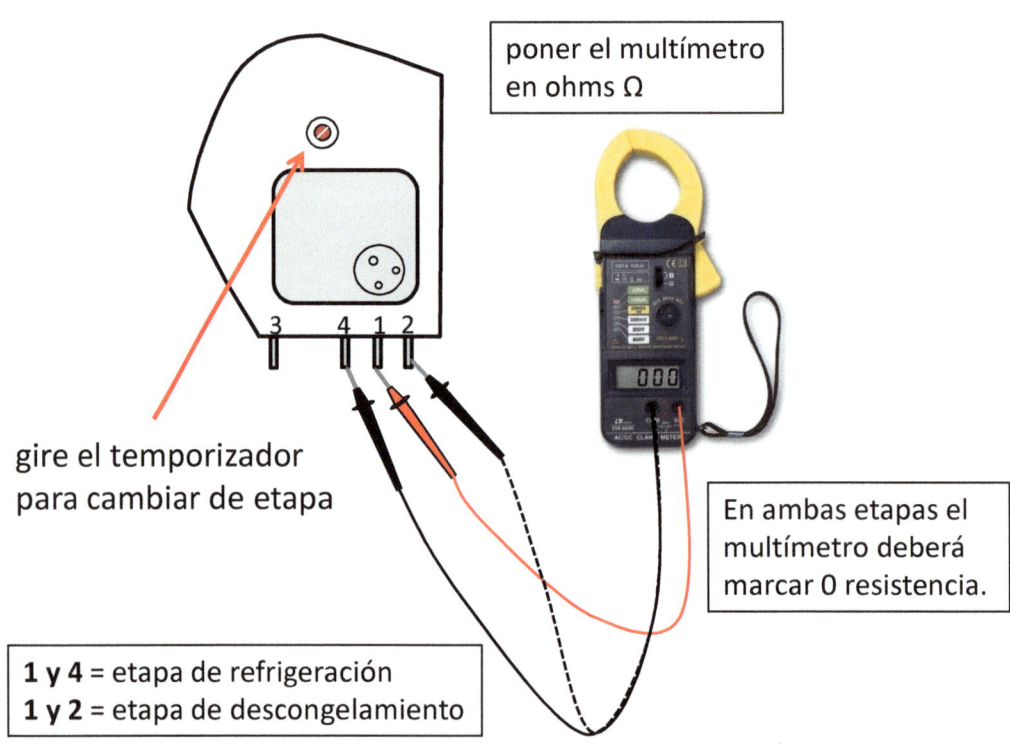

poner el multímetro en ohms Ω

gire el temporizador para cambiar de etapa

3   4 1 2

En ambas etapas el multímetro deberá marcar 0 resistencia.

1 y 4 = etapa de refrigeración
1 y 2 = etapa de descongelamiento

Si en alguna de las etapas el multímetro no tuvo reacción entonces uno de los contactos internos está sucio y habrá que abrir el timer para limpiarlo.

LIMPIANDO LOS PUNTOS DE CONTACTO

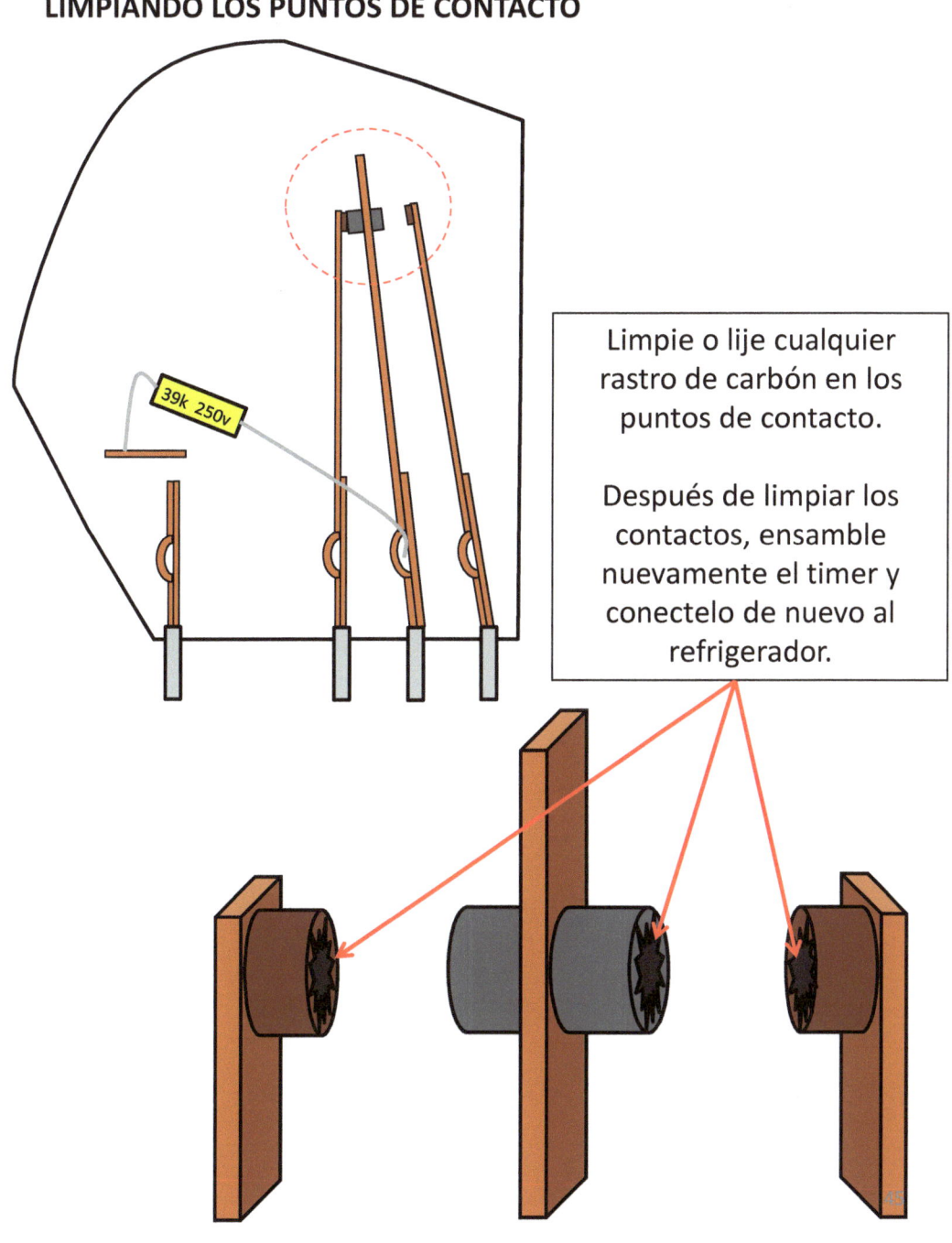

39k 250v

Limpie o lije cualquier rastro de carbón en los puntos de contacto.

Después de limpiar los contactos, ensamble nuevamente el timer y conectelo de nuevo al refrigerador.

TUBO CAPILAR TAPADO

Cuando el tubo capilar se tapa, el refrigerante circula con dificultad o simplemente no circula ocasionando que no llegue refrigerante al evaporador y el refrigerador deje de enfriar.

La obstrucción puede ser ocasionada por suciedad ó por hielo formado por humedad en el sistema.

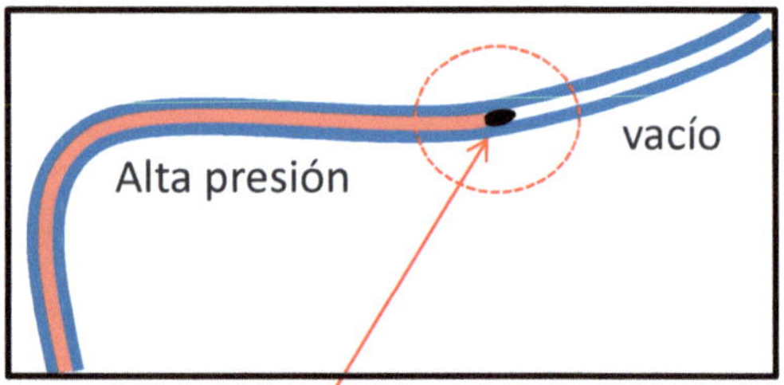

Alta presión   vacío

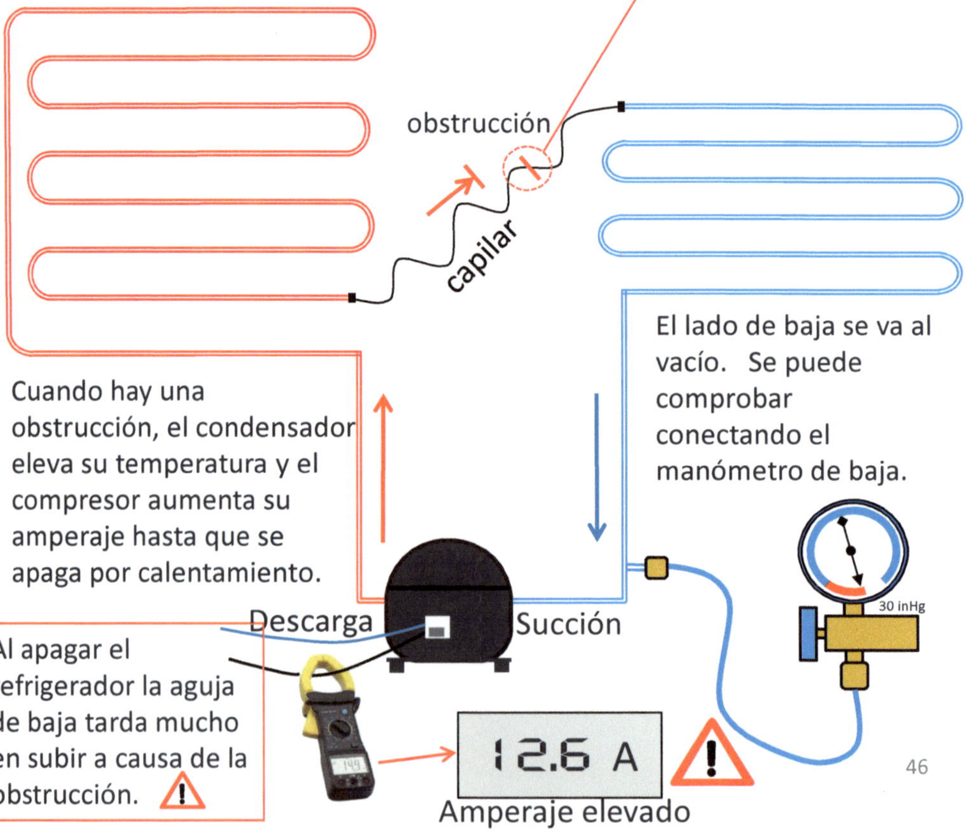

obstrucción

capilar

El lado de baja se va al vacío. Se puede comprobar conectando el manómetro de baja.

Cuando hay una obstrucción, el condensador eleva su temperatura y el compresor aumenta su amperaje hasta que se apaga por calentamiento.

Descarga   Succión

30 inHg

Al apagar el refrigerador la aguja de baja tarda mucho en subir a causa de la obstrucción. ⚠

12.6 A ⚠

Amperaje elevado

Un filtro secador sucio da los mismos síntomas que un tubo capilar tapado, así que hay que tener esto en cuenta antes de intentar reemplazar el tubo capilar.

Lo primero que hay que sospechar es que **el filtro secador está tapado**, si nunca lo han reemplazado, ya es hora de hacerlo:

1.- Saque todo el gas del refrigerador

2.- Retire el vástago de la válvula de servicio

3- Retirar el filtro secador: Intente doblar el filtro un poco hacia afuera para evitar quemar el cableado eléctrico del refrigerador. Comience desoldando el tubo capilar, **tire de el con cuidado.**

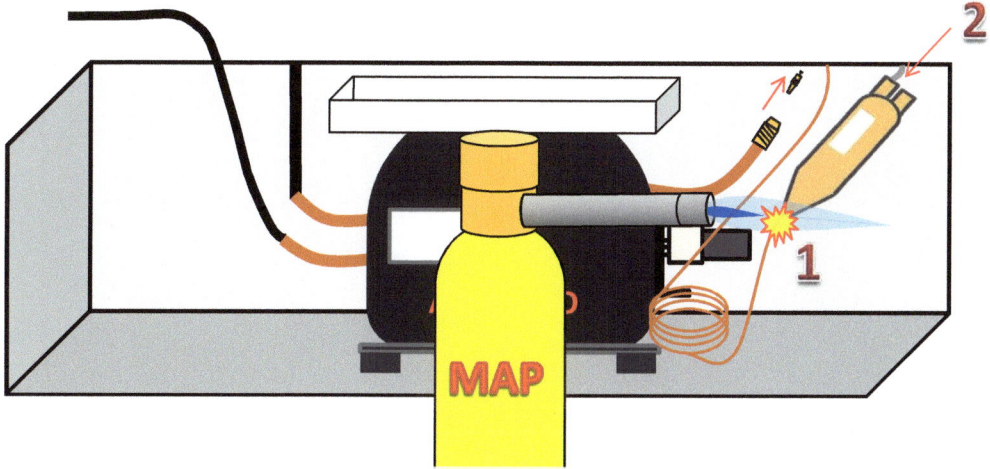

4.- El tubo del condensador que está soldado al filtro en la parte de arriba, tiene soldadura de bronce y es más difícil quitarlo, ocupará más gas MAP para derretir el bronce. Cuando vea que el bronce ya está fundido retiré el filtro con **mucho cuidado** ya que si tira de el muy fuerte el tubo se puede romper.

Ya que retiró el filtro, pártalo por la mitad y observe la malla metálica. Si la malla estaba limpia o muy poco sucia entonces la causa más probable de la falla del refrigerador sea el capilar tapado.

FILTRO LIMPIO   **FILTRO SUCIO**

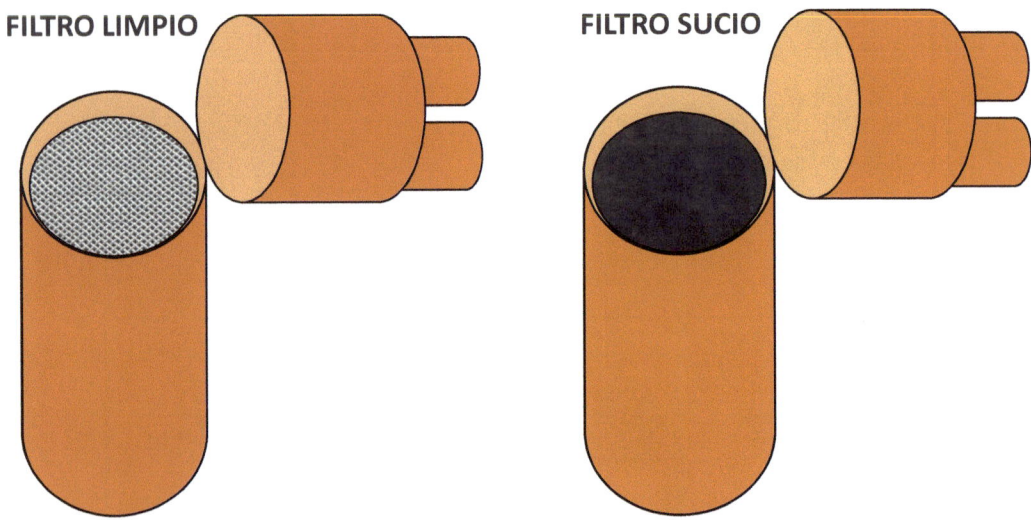

Sin embargo, si el filtro estaba totalmente obstruido de mugre o carbón, entonces lo mas seguro es que el filtro era el problema, habrá que limpiar el sistema completo con R141-b.

LISTA DE MATERIALES PARA REALIZAR LA LIMPIEZA DE TUBERÍAS

1- manómetro
2.- dos adaptadores para cilindro (puede usarse uno)
3.- una válvula soldable
4.- Un cilindro de R141-b
5.-Un cilindro de R22
6.- Gas MAP
7.- Una varilla de plata

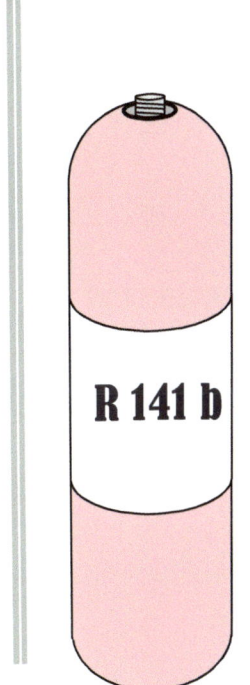
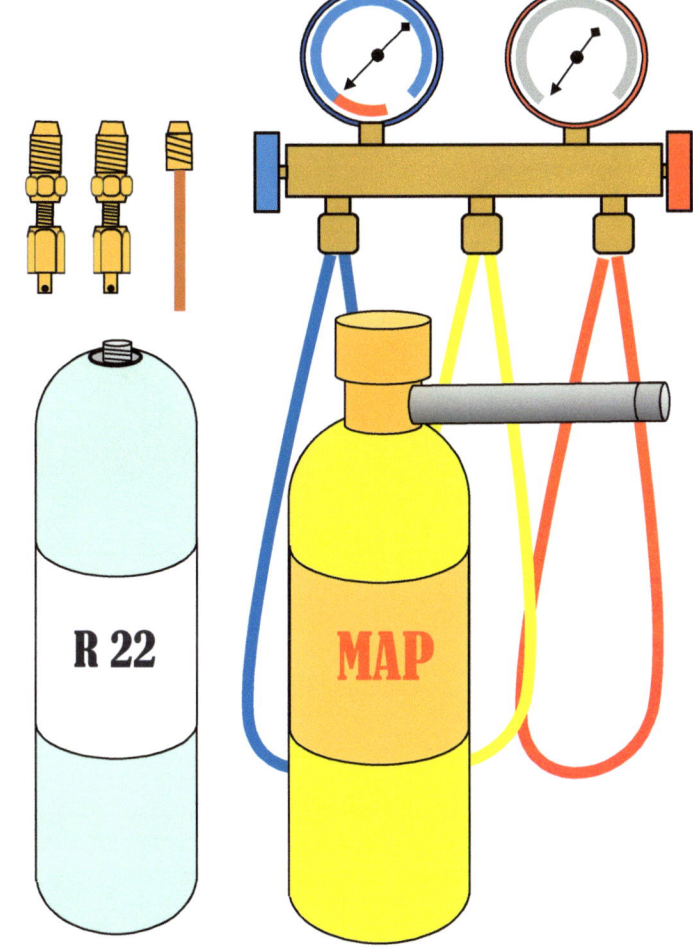

LIMPIADOR
R141-b
Sirve para hacer
limpieza en el
interior de las
tuberías.

REFRIGERANTE
R22
Empuja la suciedad
a alta presión.

LIMPIAR EL TUBO CAPILAR

1.- Desoldar la unión de la tubería de baja de la succión del compresor y el tubo capilar del filtro:

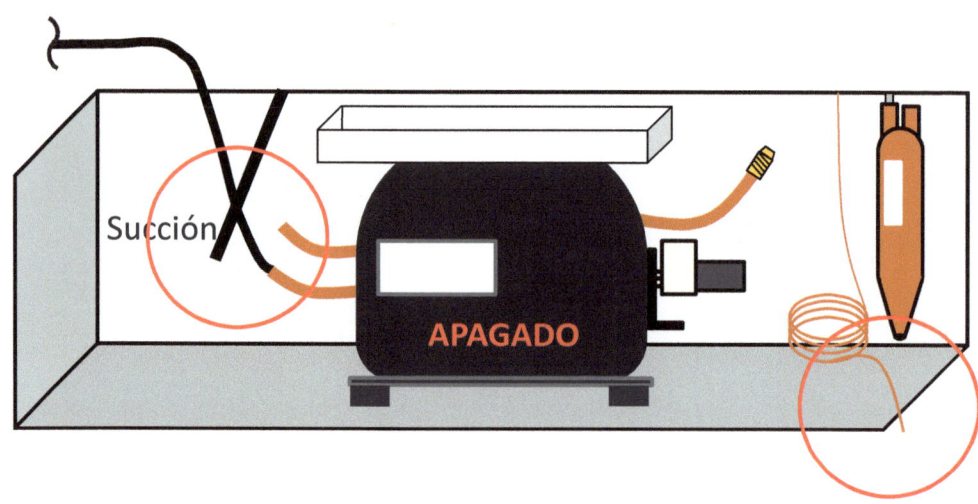

2.- Solde una válvula en el tubo capilar, use una válvula de 1/8 (la más delgada)

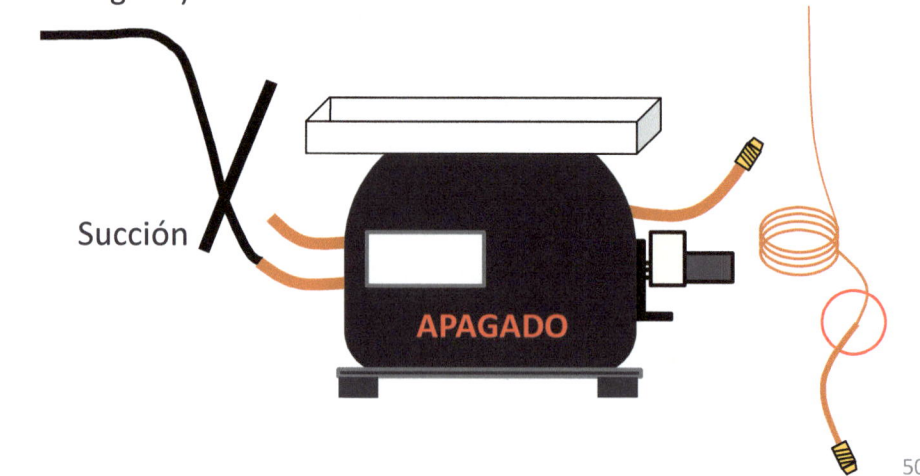

CONEXIÓN

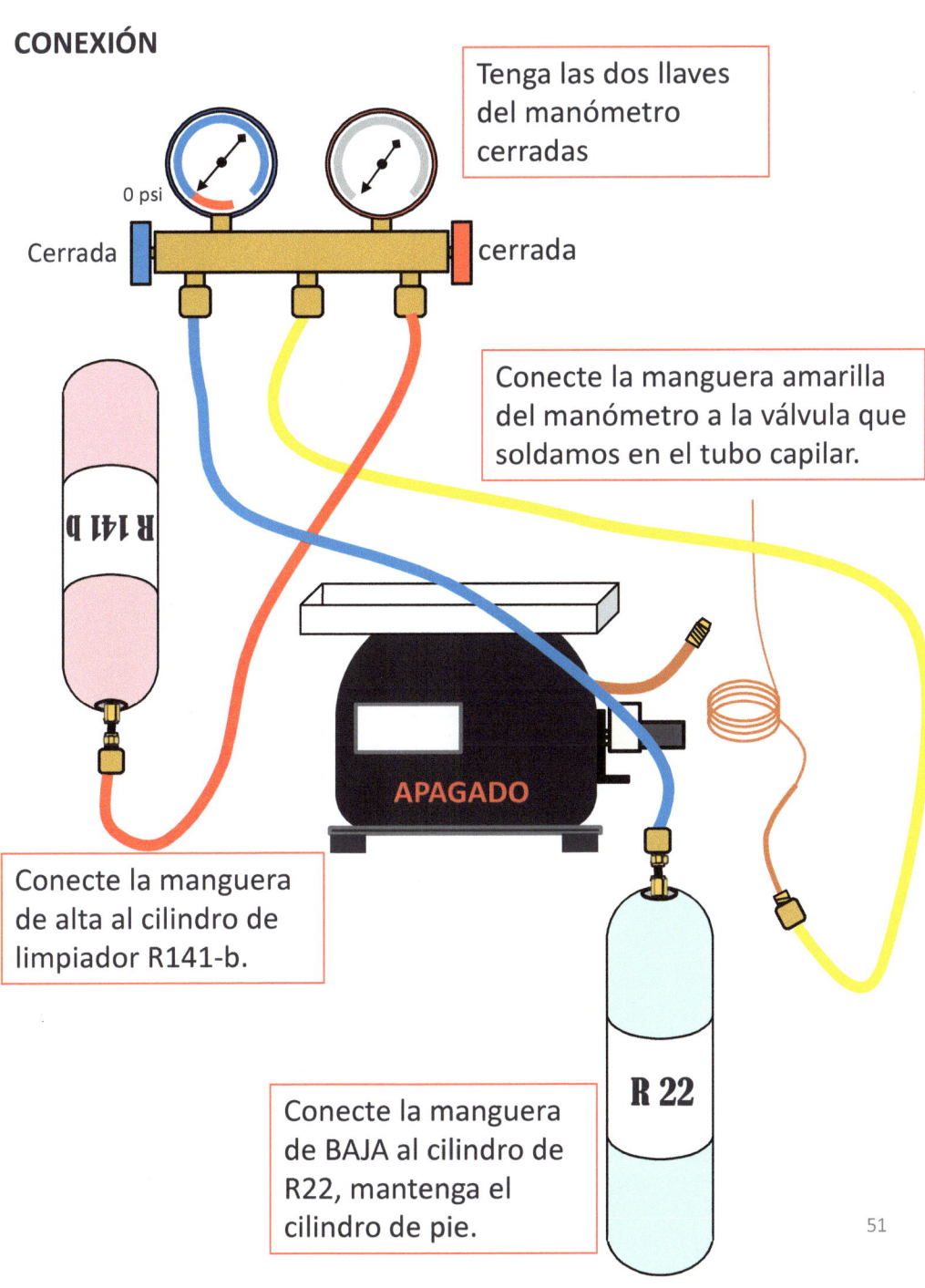

Tenga las dos llaves del manómetro cerradas

0 psi

Cerrada

cerrada

Conecte la manguera amarilla del manómetro a la válvula que soldamos en el tubo capilar.

R 141 b

APAGADO

Conecte la manguera de alta al cilindro de limpiador R141-b.

R 22

Conecte la manguera de BAJA al cilindro de R22, mantenga el cilindro de pie.

LIMPIANDO CON R141-b

Abra la llave de **ALTA** por unos 10 segundos y luego cierre.

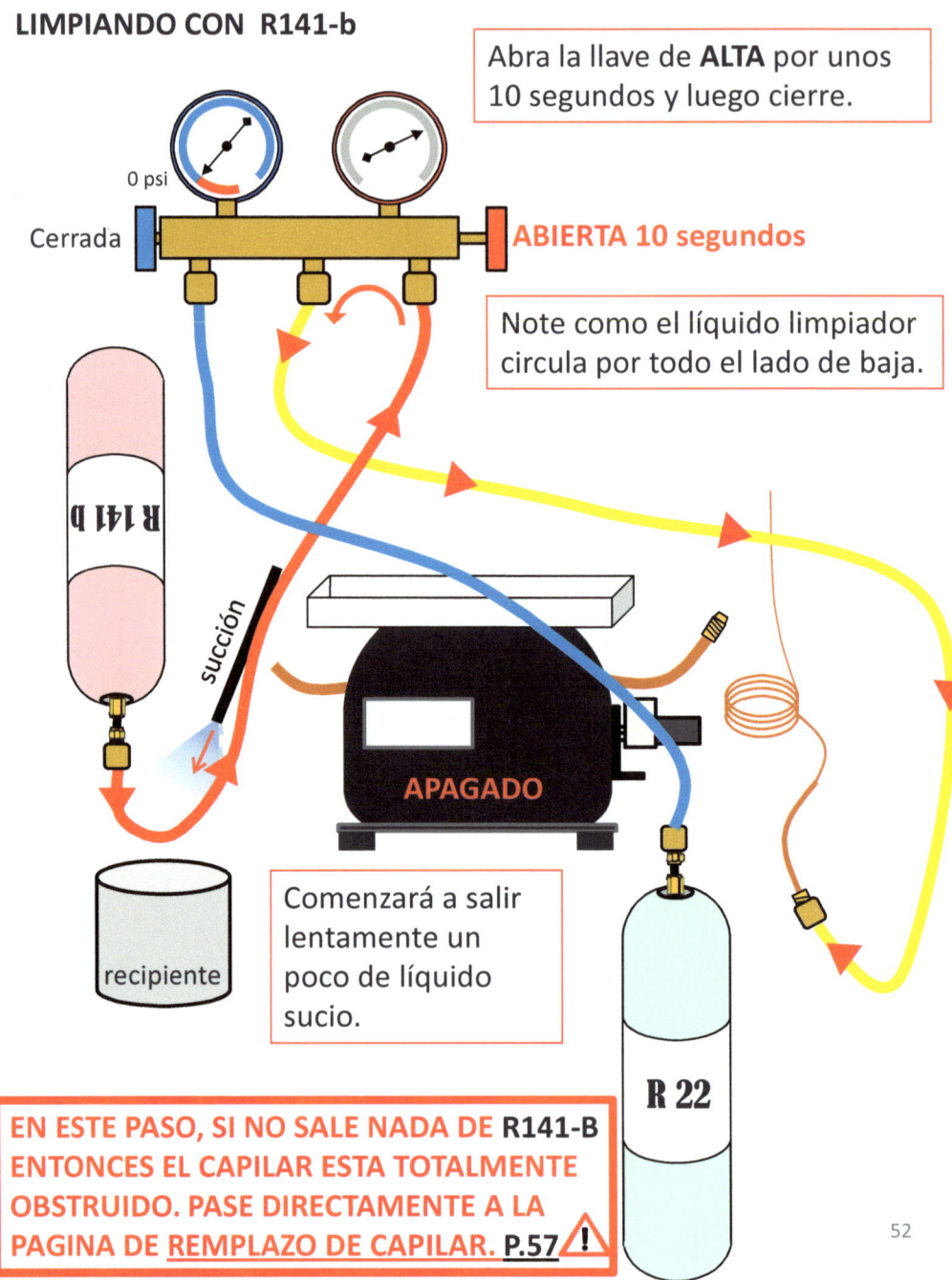

0 psi

Cerrada

ABIERTA 10 segundos

Note como el líquido limpiador circula por todo el lado de baja.

succión

APAGADO

Comenzará a salir lentamente un poco de líquido sucio.

recipiente

R 22

EN ESTE PASO, SI NO SALE NADA DE R141-B ENTONCES EL CAPILAR ESTA TOTALMENTE OBSTRUIDO. PASE DIRECTAMENTE A LA PAGINA DE <u>REMPLAZO DE CAPILAR.</u> <u>P.57</u> ⚠️

EXPULSANDO CON R22

Abra la llave de **BAJA** hasta que deje de salir liquido limpiador por el tubo de succión.

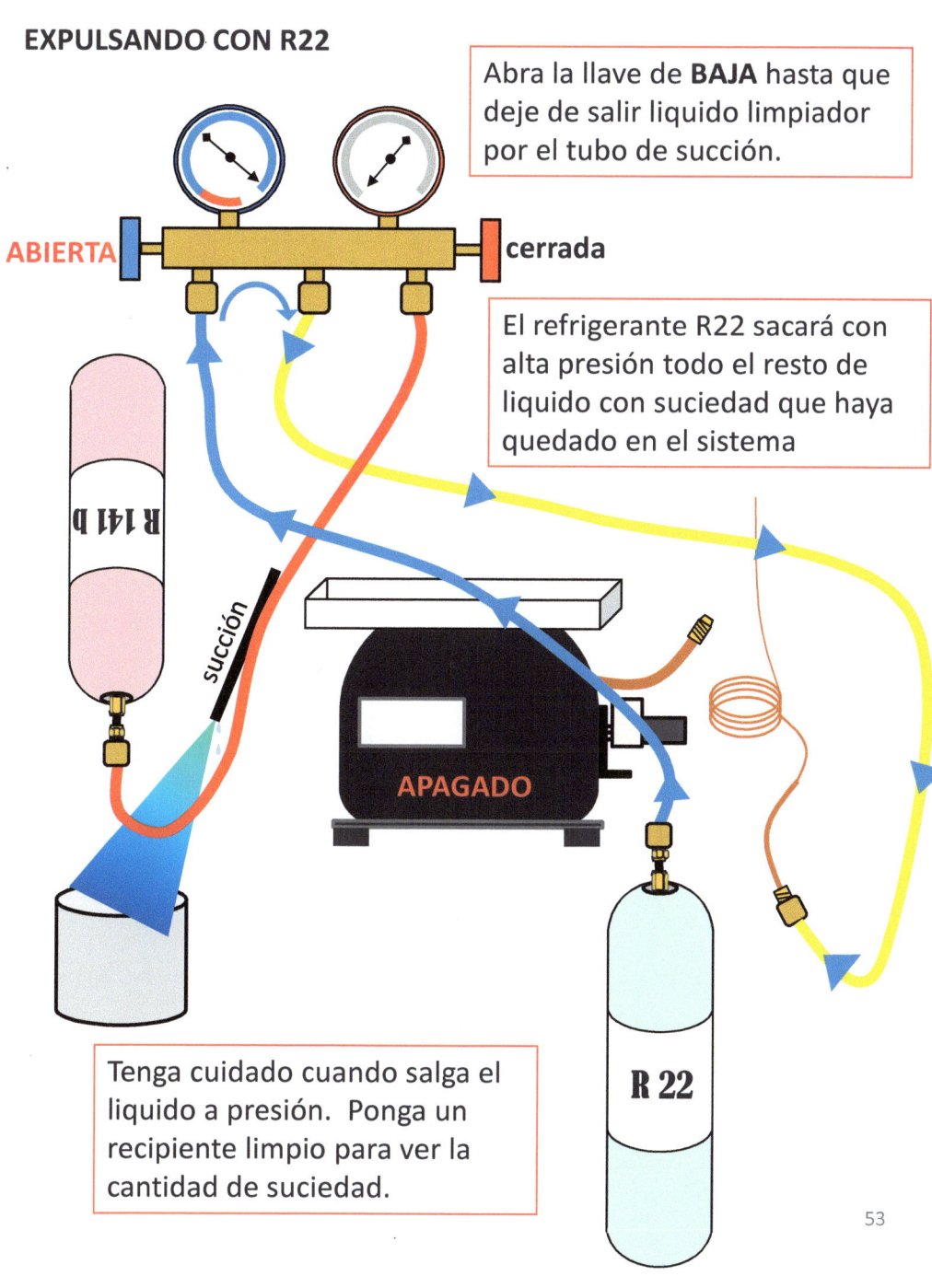

ABIERTA   **cerrada**

El refrigerante R22 sacará con alta presión todo el resto de liquido con suciedad que haya quedado en el sistema

R 141 b

succión

APAGADO

R 22

Tenga cuidado cuando salga el liquido a presión. Ponga un recipiente limpio para ver la cantidad de suciedad.

LIMPIAR EL CONDENSADOR

Para limpiar el condensador se repiten los mismos pasos que con el capilar:

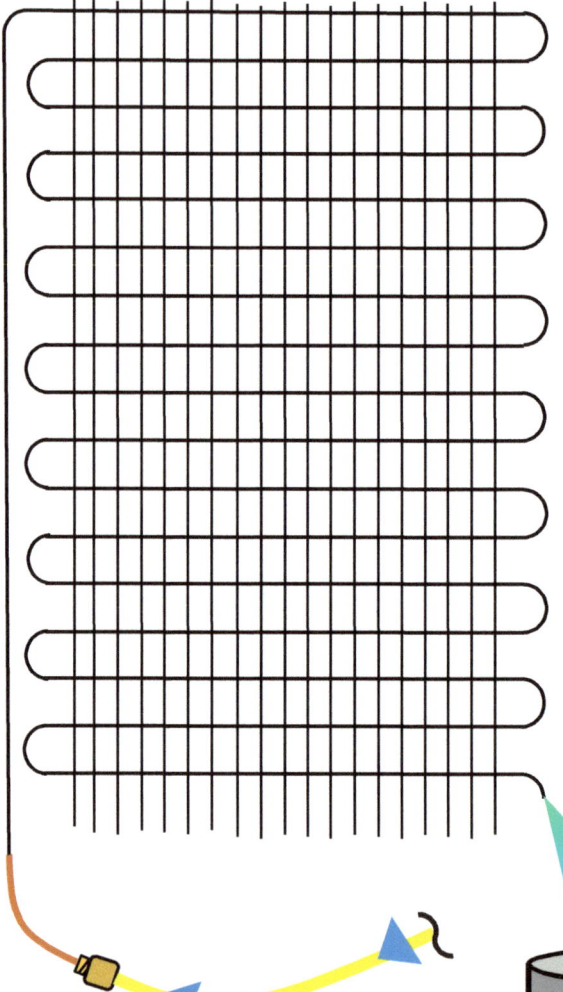

recipiente

Solde la misma válvula en un extremo del condensador. En el otro extremo coloque un envase vacío. Realice los pasos para inyectar R141-b y expulsar la suciedad a presión con R22.

TÉCNICA PARA ELIMINAR RASTROS DE HUMEDAD EN EL SISTEMA

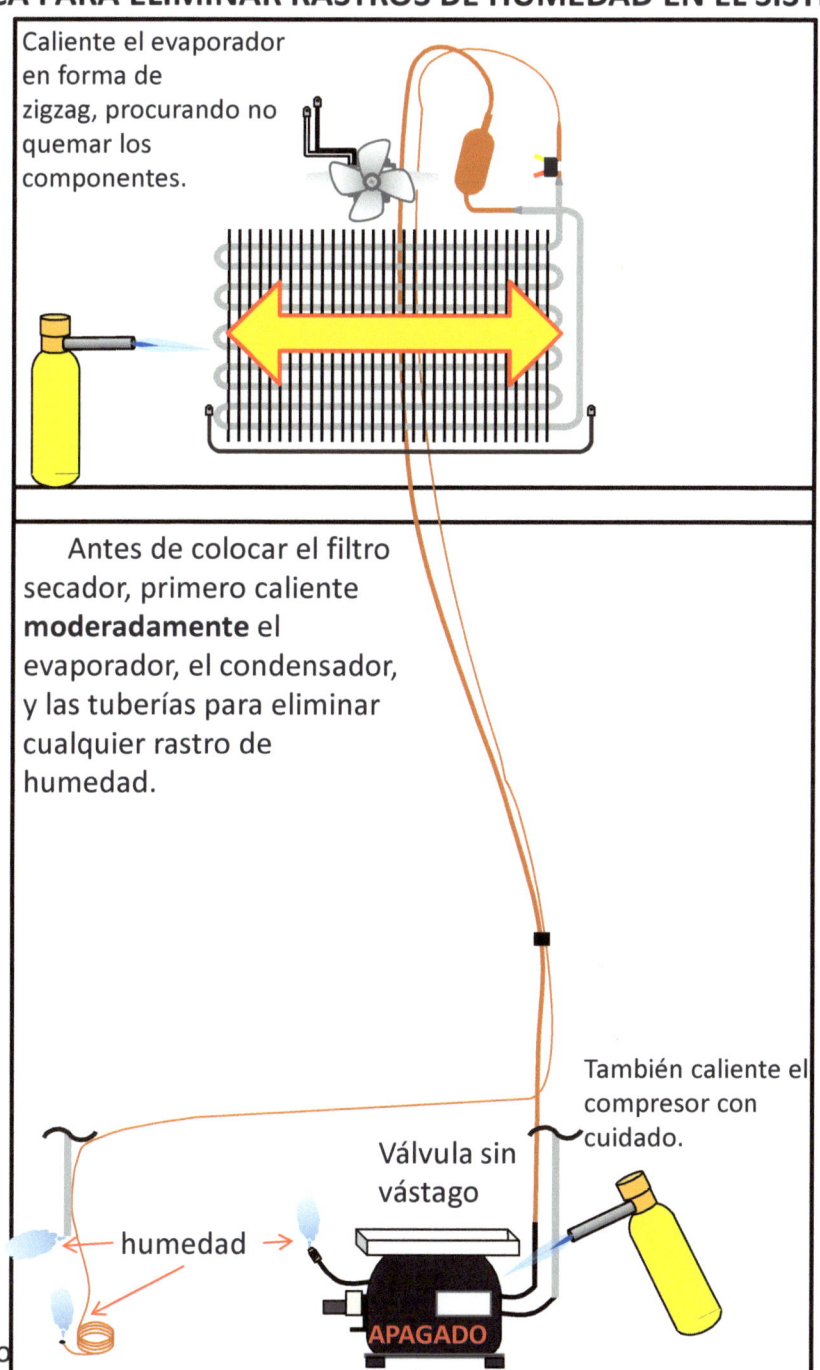

Caliente el evaporador en forma de zigzag, procurando no quemar los componentes.

Antes de colocar el filtro secador, primero caliente **moderadamente** el evaporador, el condensador, y las tuberías para eliminar cualquier rastro de humedad.

También caliente el compresor con cuidado.

Válvula sin vástago

humedad

APAGADO

Filtro nuevo

PRUEBA FINAL

Después de calentar el evaporador y el condensador, coloque un filtro nuevo y también coloque el vástago a la válvula de servicio. Entonces se procederá a cargar de gas al refrigerador como se vio en la página 18 y encienda el refrigerador normalmente.

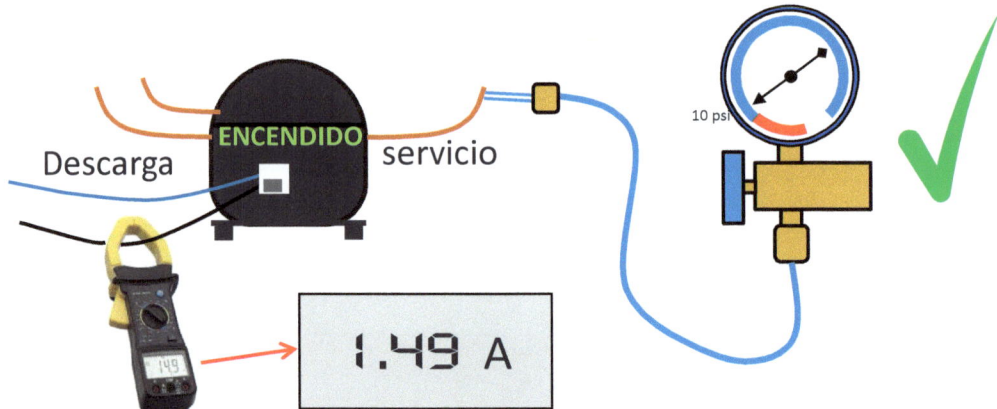

El compresor deberá trabajar normalmente, consumiendo el valor aproximado de amperes y con la presión entre 6 y 12 psi.
Tenga al refrigerador en observación por al menos una hora para estar seguros.

REMPLAZAR EL TUBO CAPILAR

Lista de materiales
1.- Información sobre la capacidad del refrigerador y una muestra del tubo capilar
2.- Taladro
3.- Gas MAP
4.- Varilla de plata
5.- Navaja retráctil

Cuando el tubo capilar se debe remplazar no se debe elegir cualquier medida, ya que hacer eso afectaría gravemente el rendimiento del refrigerador. Existen diferentes medidas y longitudes dependiendo de la capacidad del compresor

El tubo capilar se mide por diámetro interior en mm y la longitud en pulgadas o centímetros.

Algunas de las medidas de tubos capilares

0.31   0.34   0.42   0.49   0.55   0.65   0.83   0.94 1.09   1.14   1.20 1.30

A veces es difícil determinar cual tubo capilar es el indicado para cierto tipo de refrigerador así que cuando vaya a comprar el capilar llévese una muestra del capilar de su refrigerador y mencione al vendedor el tipo de refrigerador que tiene.

Ahora bien, habiendo comprado los materiales, procederemos a cambiar el tubo capilar.

1- RETIRE EL GAS DEL REFRIGERADOR Y DESOLDE EL TUBO CAPILAR DEL FILTRO SECADOR.

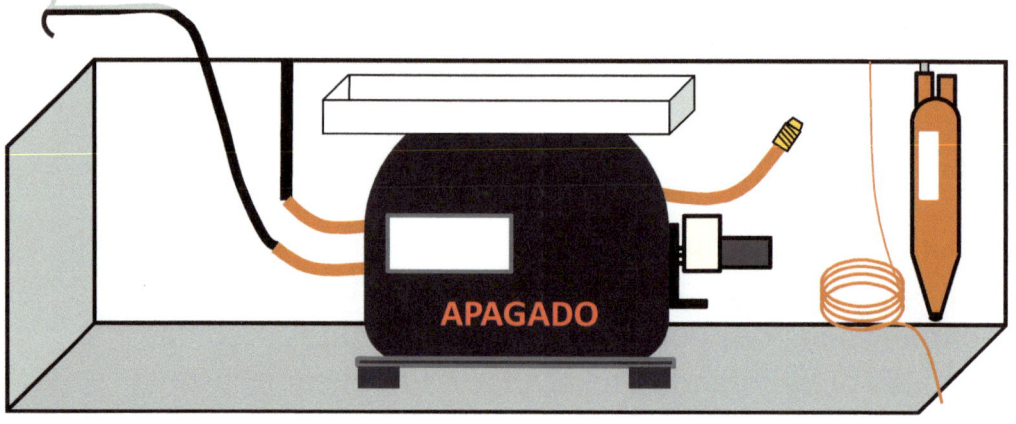

2.-Desoldar el capilar del evaporador. PROTEJA LOS COMPONENTES. Puede usar una lámina y trozos de tela mojados para evitar que se derrita el plástico del evaporador

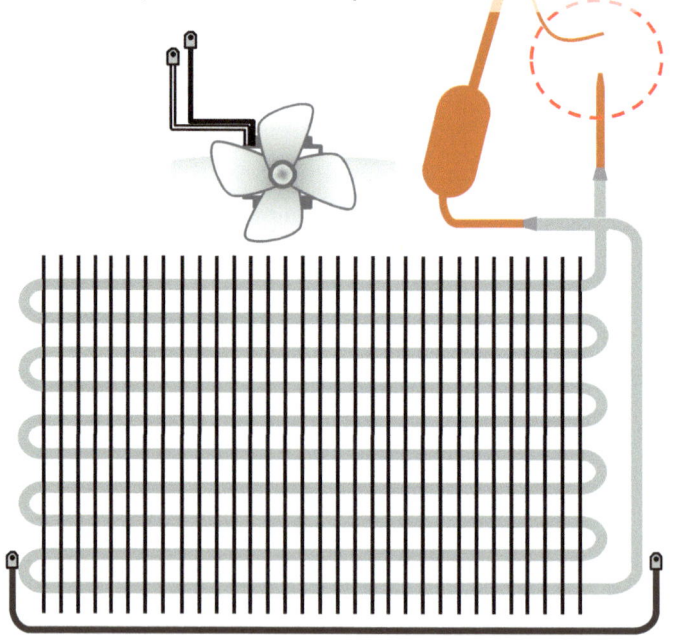

3.- HAGA UN ORIFICIO CON EL TALADRO lo mas cerca posible del tubo donde irá soldado el capilar al evaporador. Use una broca delgada, casi del mismo grosor que el capilar. **Cuidado de no dañar el evaporador. Si no puede hacer el orificio por dentro hágalo por fuera.**

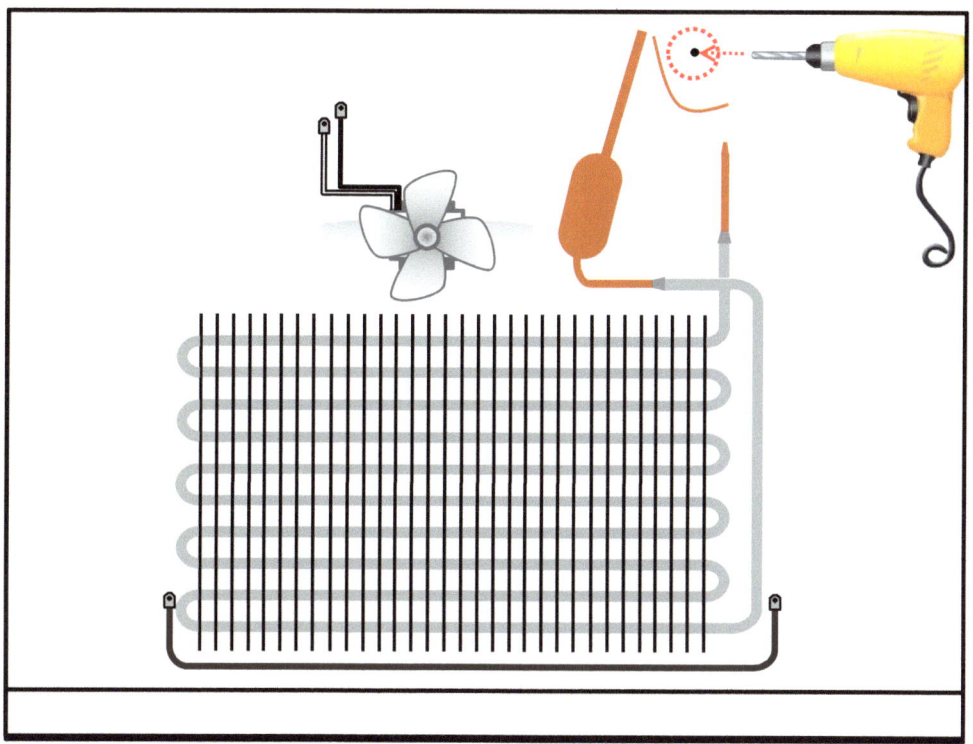

¿Por qué perforar?
Bueno en realidad resulta muy difícil retirar la tapa trasera del refrigerador, además de que resulta en un daño notable al cuerpo del refrigerador.   Por eso es mejor que el capilar vaya externo.

4.- INTRODUZCA UN EXTREMO DEL CAPILAR POR EL ORIFICIO hasta llegar al evaporador y solde. Cuidado de no hacer curvas muy cerradas porque el tubo se puede obstruir.

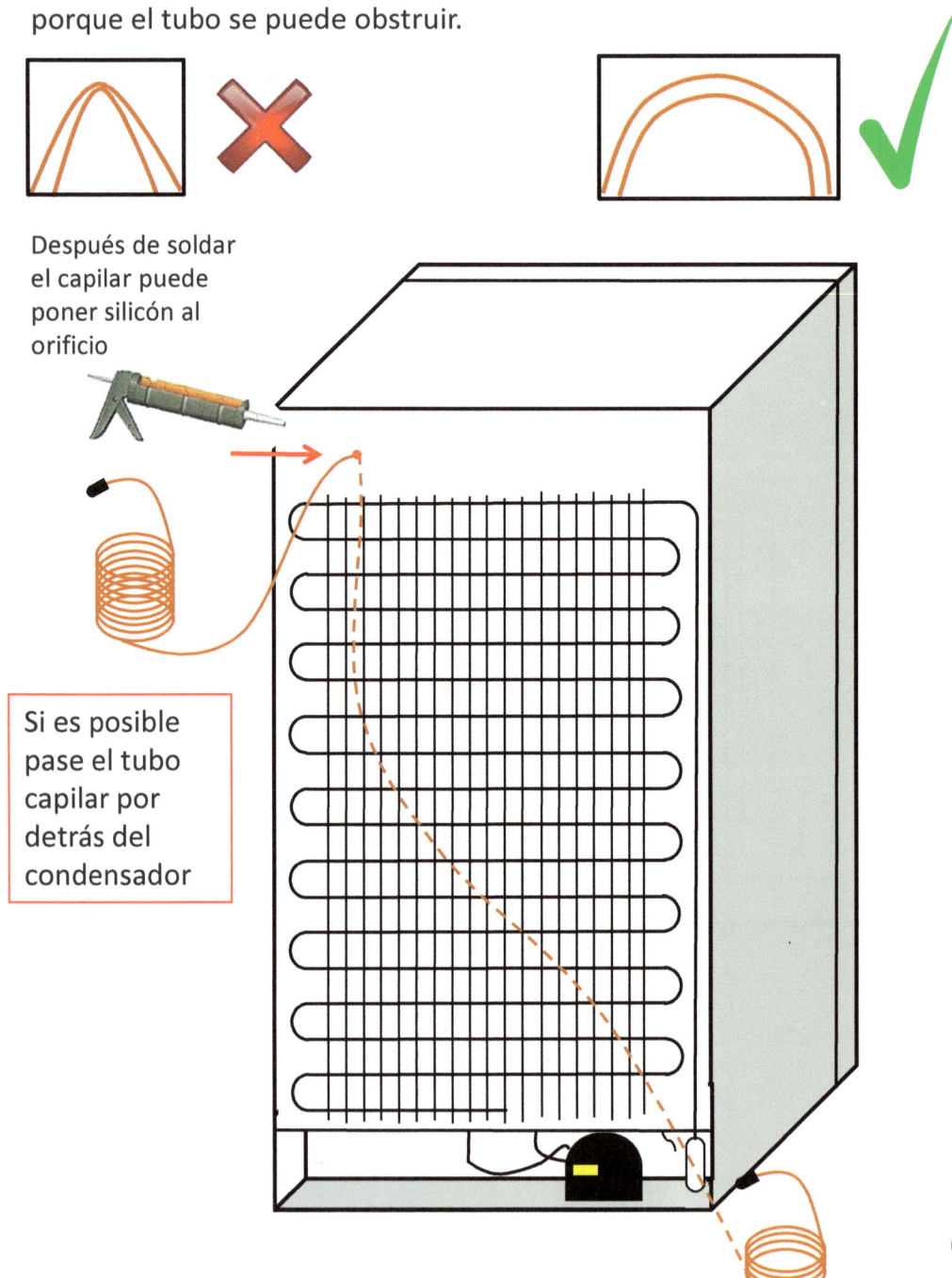

Después de soldar el capilar puede poner silicón al orificio

Si es posible pase el tubo capilar por detrás del condensador

60

5.- SOLDE EL OTRO EXTREMO DEL CAPILAR al filtro secador. Cuidado de no quemar los cables y componentes del compresor.

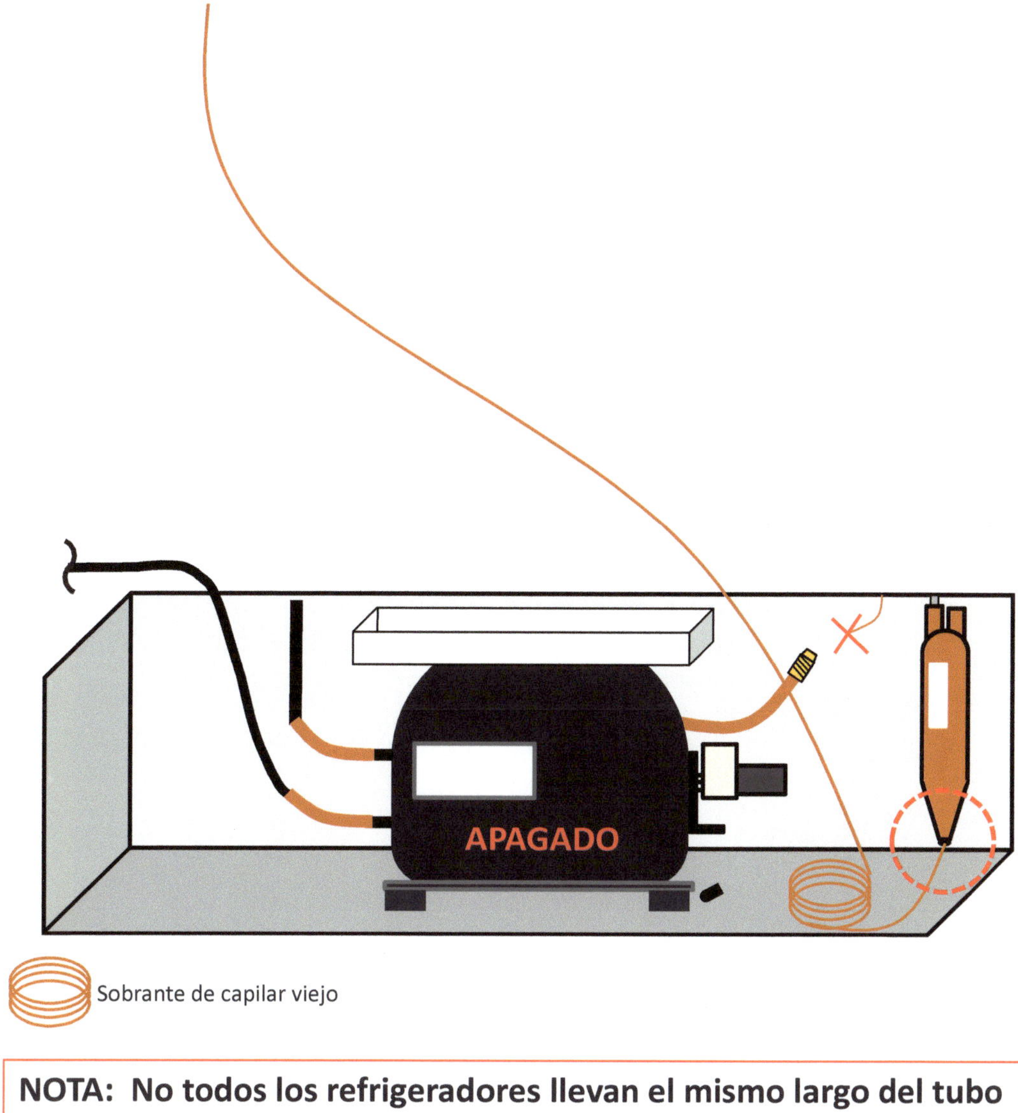

APAGADO

 Sobrante de capilar viejo

NOTA: No todos los refrigeradores llevan el mismo largo del tubo capilar. Un refrigerador pequeño lleva menos capilar

TENDRÁ QUE MEDIR CON UNA CINTA METRICA EL LARGO APROXIMADO DEL TUBO CAPILAR Y CORTAR DE SER NECESARIO.[61]

Si necesita cortar el tubo use una navaja retráctil, cortando alrededor del tubo para no taparlo.

Si el orificio se le tapó o se le cerró bastante, entonces utilice una aguja o un clavo pequeño con mas o menos el diámetro del orificio e introdúzcalo en el capilar. Mantenga el capilar boca abajo para evitar que las rebabas de cobre entren al capilar.

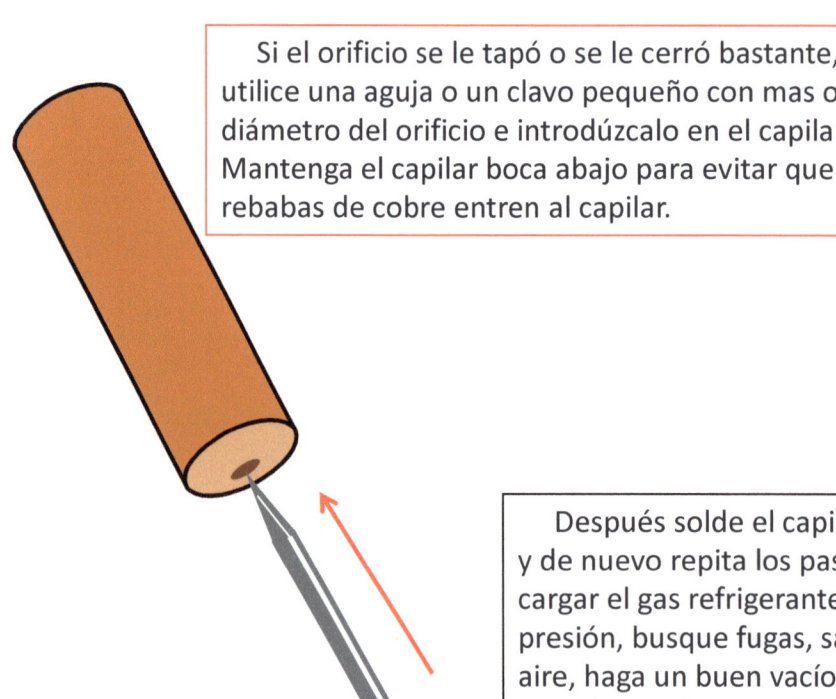

Después solde el capilar al filtro y de nuevo repita los pasos para cargar el gas refrigerante: Meta presión, busque fugas, saque el aire, haga un buen vacío e introduzca el gas.   El refrigerador deberá funcionar muy bien.

COMPRESOR DAÑADO

Cuando el compresor deja funcionar presenta alguna de las siguientes señales:

1.- El compresor quiere arrancar pero no lo logra y se apaga, se escucha un "clic" del relé. (compresor pegado)

2.- El compresor va aumentando el amperaje de consumo hasta que se calienta y se protege, esto sin haber taponamientos en el capilar.

3.-El compresor ya no tiene fuerza de compresión ó el compresor está desvalvulado.

4.- El compresor está aterrizado.

5.- El compresor simplemente no reacciona.

1.- El compresor quiere arrancar pero no lo logra y se apaga (compresor pegado).

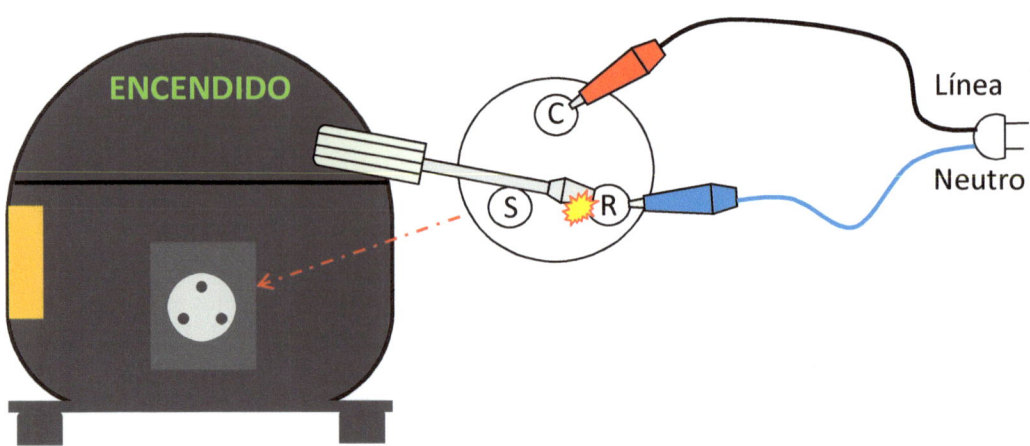

Cuando el compresor está pegado, simplemente no arranca, aunque el relé esté en perfectas condiciones.

Para comprobarlo, tenemos que arrancarlo manualmente. Línea a "COMMON", Neutro a "RUN", y Hacer contacto "RUN" con "START".

Si por más que lo intenta el compresor no arranca mejor remplácelo. Pase a la sección **"CAMBIO DE COMPRESOR".**

2.- El compresor va aumentando el amperaje de consumo hasta que se calienta y se protege.

   Si el compresor si arranca, pero tras cierto tiempo se apaga, y ya revisó que no hay taponamientos en el capilar, entonces hay que revisar el compresor.

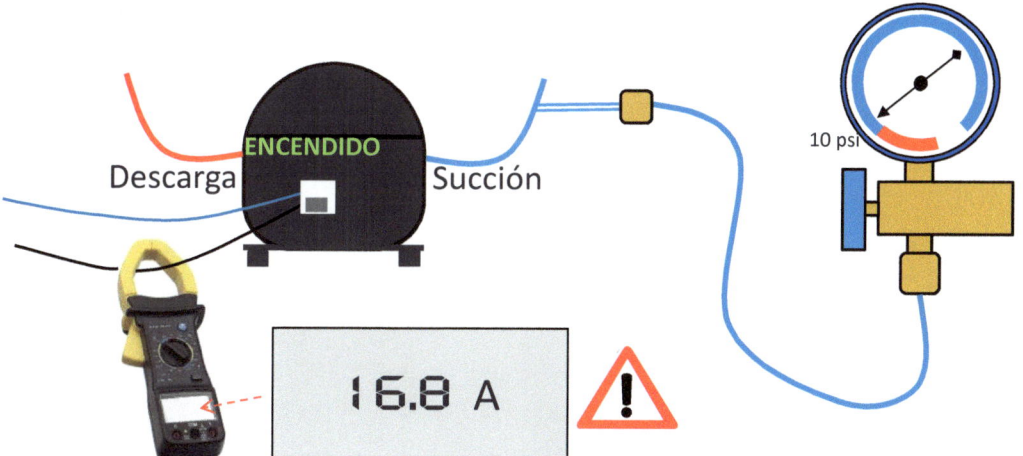

Conecte el manómetro de baja a la válvula de servicio, y el amperímetro a la línea del compresor.

Si la presión está correcta, pero el compresor comienza a hacer un ruido extraño y de repente aumenta su amperaje hasta el límite hasta apagarse entonces el compresor ya está dañado y hay que remplazar. Tenga en cuenta que esto sucede en refrigeradores viejos o con un mal mantenimiento.   Pase a la sección **"CAMBIO DE COMPRESOR".**

NOTA: REVISE QUE EL CONDENSADOR TENGA LA VENTILACIÓN CORRECTA, PUES ESTO OCASIONARÍA SEÑALES SIMILARES.

3.-El compresor está desvalvulado.

 Cuando un compresor está desvalvulado este ya no puede comprimir el gas refrigerante, por lo tanto, al medir la presión este indicará una presión como si el compresor estuviera apagado, esto porque las dos presiones se unen.

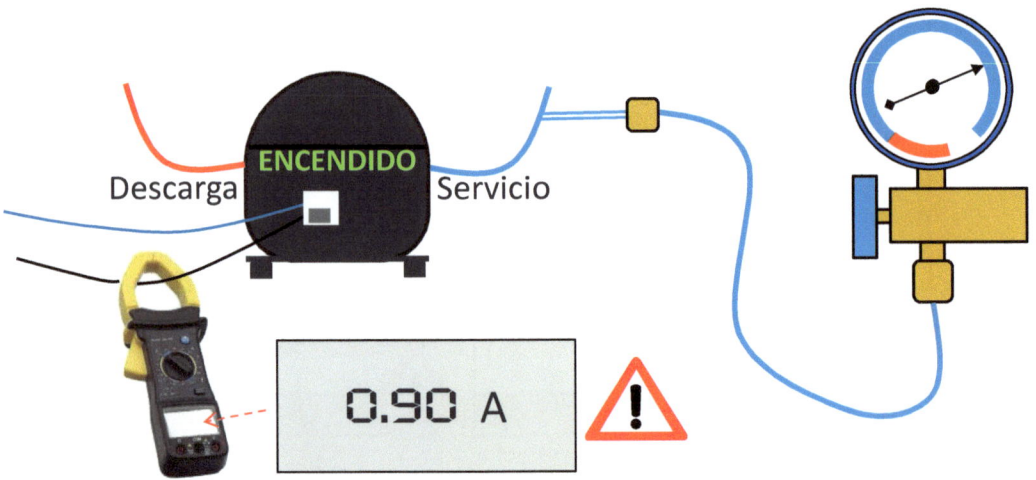

El amperaje de trabajo será muy bajo pues ya no se esfuerza en comprimir.

Notará como el condensador no está nada caliente y el evaporador no estará frío, con gas en el sistema, bajo amperaje, presión de alta y baja unidos = compresor desvalvulado. Solución: Remplazar. Pase a la sección **"CAMBIO DE COMPRESOR".**

4.- El compresor está aterrizado.

Cuando el compresor está aterrizado este no enciende. Basta hacer una pequeña medición para comprobarlo:

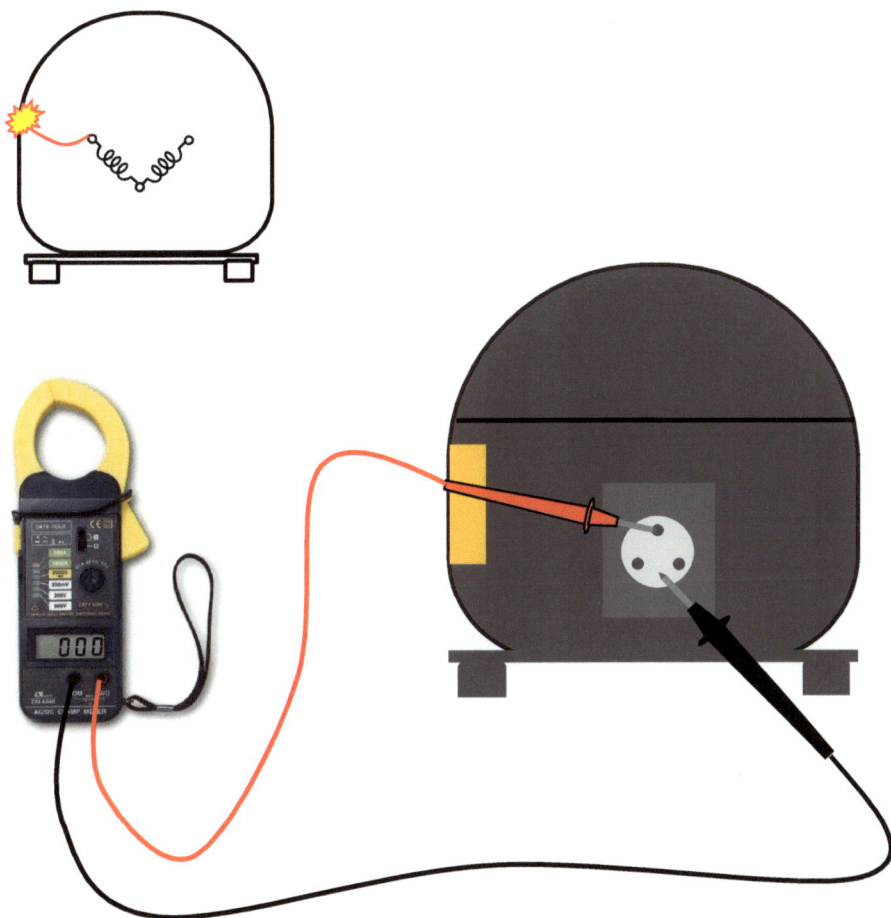

Utilice un multímetro en la medición de Ohms, y coloque una punta en uno de los pines y la otra punta a la carcasa (tierra). Si está aterrizado el multímetro deberá indicar continuidad y el compresor deberá ser sustituido. Pruebe cada pin a tierra.

5.- El compresor simplemente no reacciona.

Cuando el compresor no enciende en absoluto hablamos de un compresor "abierto", esto porque uno de los cables del motor está roto y la corriente no circula.

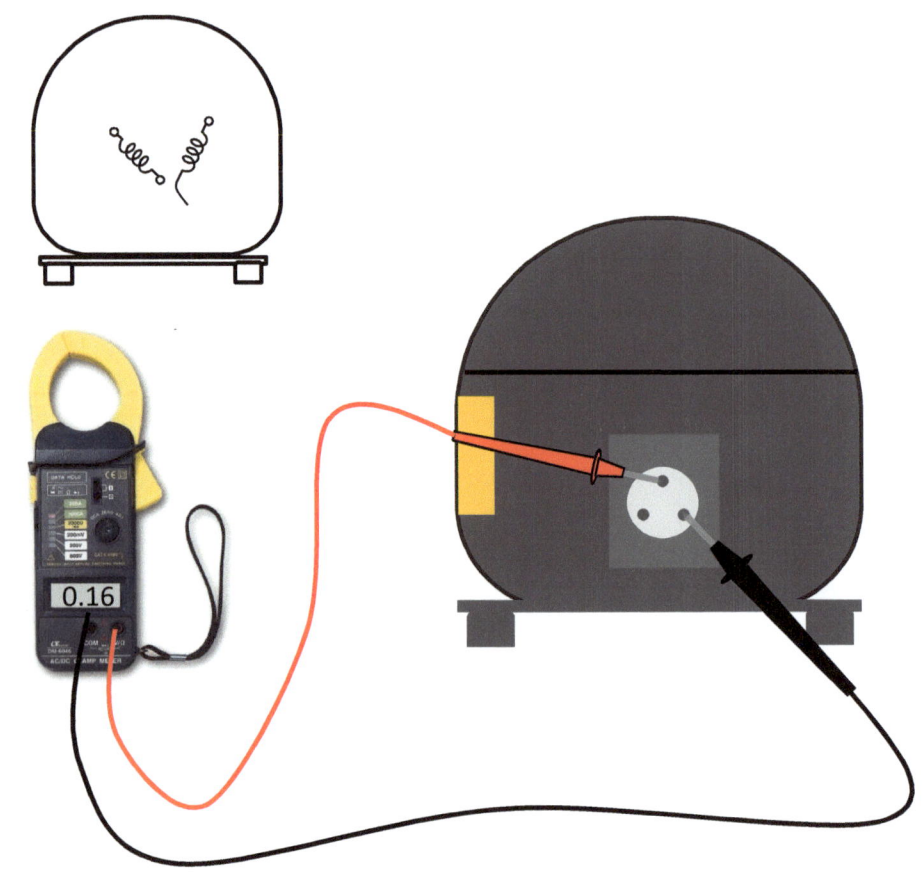

Utilice un multímetro en la medición de Ohms, y mida la resistencia que hay entre los pines. Entre cada uno debe haber una cierta resistencia. Si entre alguno de ellos el multímetro no reacciona entonces ahí es donde está el corto. Hay que remplazar el compresor.

CAMBIO DE COMPRESOR

Antes de cambiar el compresor debe sacar el vástago de la válvula de servicio para expulsar todo el gas.

1.- Desolde las uniones de las tuberías de succión y de descarga. No lo desolde desde las entradas del compresor, hágalo desde la unión de la tubería.

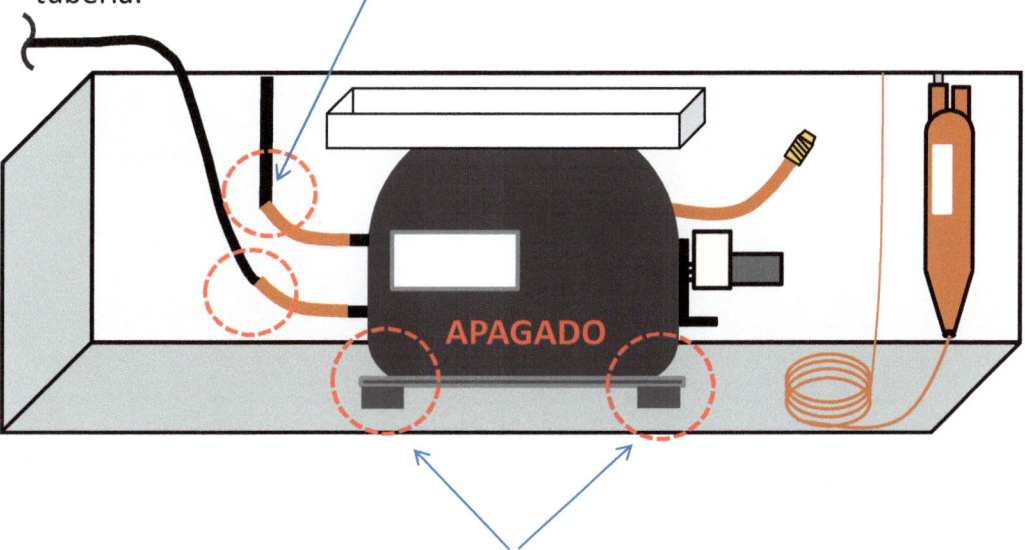

APAGADO

2.- Quite los retenedores de los soportes y retire el compresor.

3.- Quite los accesorios: charola de desagüe, relé, protectores etc.

4.- Desolde las extensiones de tubería del compresor.

4.- Tape los tubos de alta y baja con una bolsa o tapones para evitar que entre humedad.

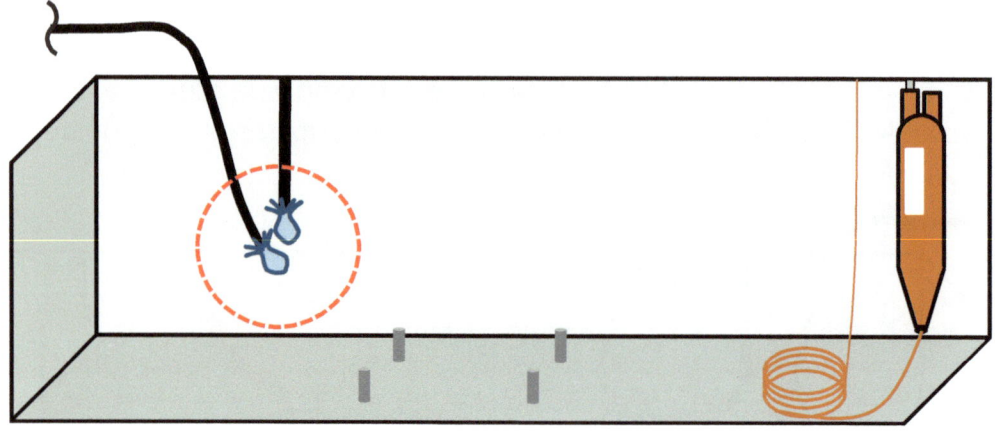

5.- Quite los tapones de las entradas del compresor nuevo. **A partir de aquí tiene 10 minutos para poner el compresor.**

6.- Solde las extensiones de tubería y la válvula de servicio.

7.- monte el compresor en los soportes.

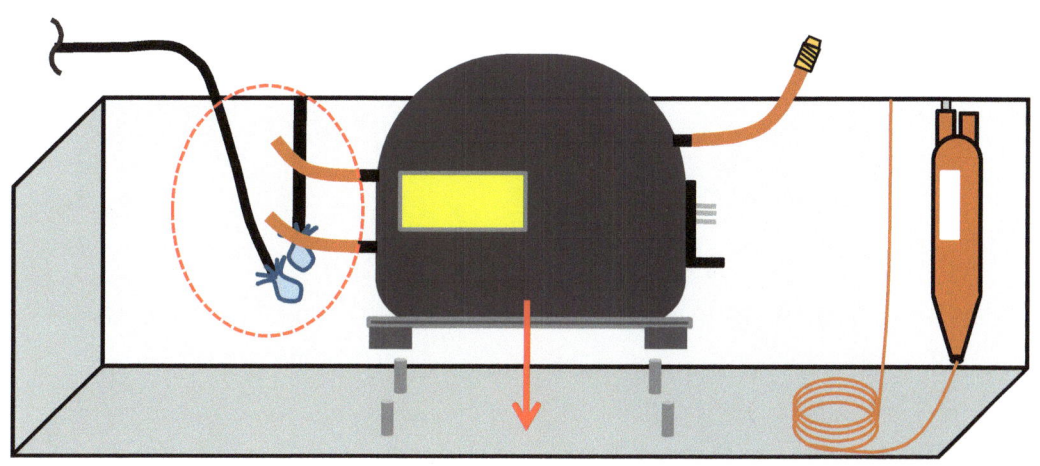

8.- Solde las uniones a las tuberías de alta y baja y coloque el vástago a la válvula de servicio y conecte los accesorios.

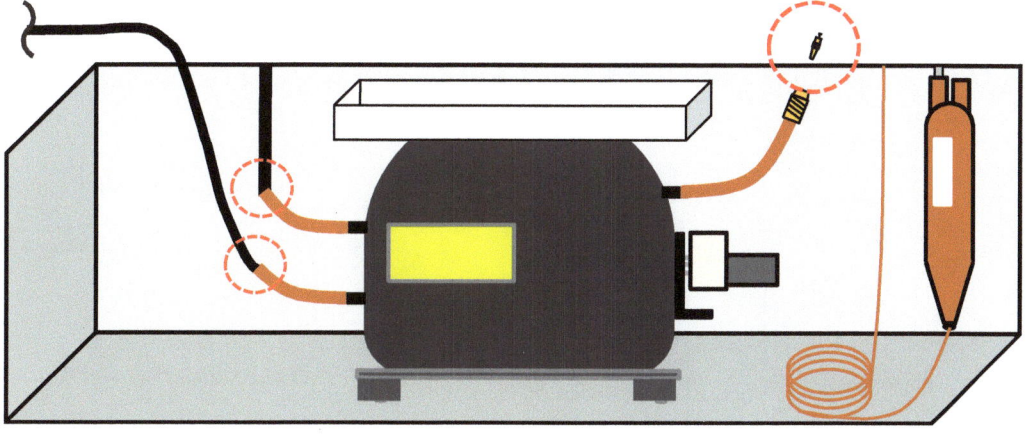

9.- Ahora proceda a comprobar fugas, hacer vacío y cargar gas . Encienda el refrigerador y mida presiones y amperaje.

SELECCIÓN DEL COMPRESOR

Cuando necesitamos cambiar un compresor generalmente se lleva el compresor viejo al vendedor para le entreguen a usted un compresor de la misma o similar capacidad, ya que poner un compresor de mayor o menor capacidad afecta el rendimiento del refrigerador.

Pero si tenemos un refrigerador que no tiene compresor entonces tendremos que tomar en cuenta varios factores para determinar que compresor es el más adecuado:

1.- Capacidad del refrigerador: Tendremos que buscar en la etiqueta del refrigerador de cuanta capacidad es, generalmente viene en decímetros cúbicos (dc³), o litros.

2.-Si es de trabajo ligero o trabajo pesado: Los refrigeradores de trabajo pesado son aquellos en los que el compresor tiene un condensador auxiliar, los de trabajo ligero no lo tienen.

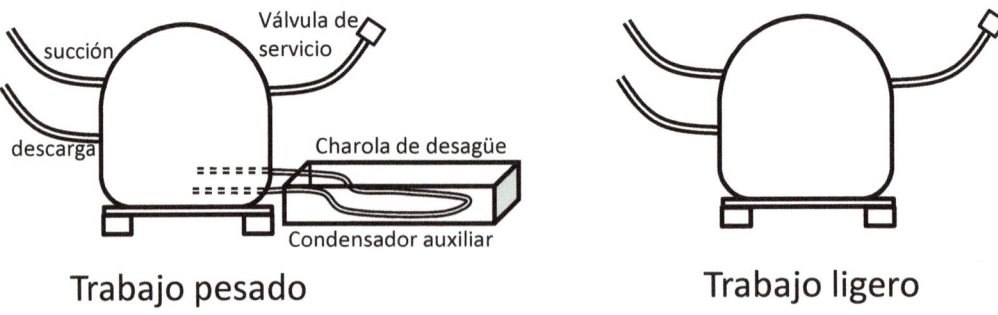

Trabajo pesado   Trabajo ligero

Tenga cuidado de no confundirlos, pues los refrigeradores de tiro forzado tienen una parte del condensador en la charola de desagüe, pero no es un condensador auxiliar.

3.- Tipo de refrigerante: Hay compresores que trabajan con refrigerante R-12 y otros que usan el R134a.   A un compresor que trabaja con **R134a** no puede cargarle **R12** o viceversa, pues el aceite del compresor no sería compatible y se dañará.
Vea con que refrigerante trabaja su refrigerador.

Si tiene un refrigerador que trabajaba con R12 puede cambiarle el compresor por uno que use R134a, solo tendrá que cambiar también el filtro secador y dar una limpiada al sistema de alta y baja con **R141b** para sacar todo el aceite de las tuberías.

4-Corriente 110V / 220V
Vea bien con que corriente trabaja su compresor, pues hay compresores que trabajan tanto con corriente 110v como con 220v. Vea la etiqueta del compresor.

MEDIR LA CAPACIDAD DEL REFRIGERADOR PARA ELEGIR EL COMPRESOR

Si no conoce la capacidad del refrigerador vamos a hacer lo siguiente:

1.- Mediremos el interior del refrigerador; saque todas las cosas del interior, rendijas, cajas etc....

2.- Calcularemos la capacidad en litros: Con una cinta mediremos en centímetros el alto, ancho y largo del interior.

➤ Multiplique las cantidades:
190 x 65 x 45= 555750

➤Divida entre 1000

➤555750 /1000 = 555 litros

El resultado será la capacidad en litros.

Y si lo desea en pies cúbicos:

➤Multiplique los litros por 0.035315

➤555 x 0.035315 = 19.59 ft³

El refrigerador es de 19 pies³

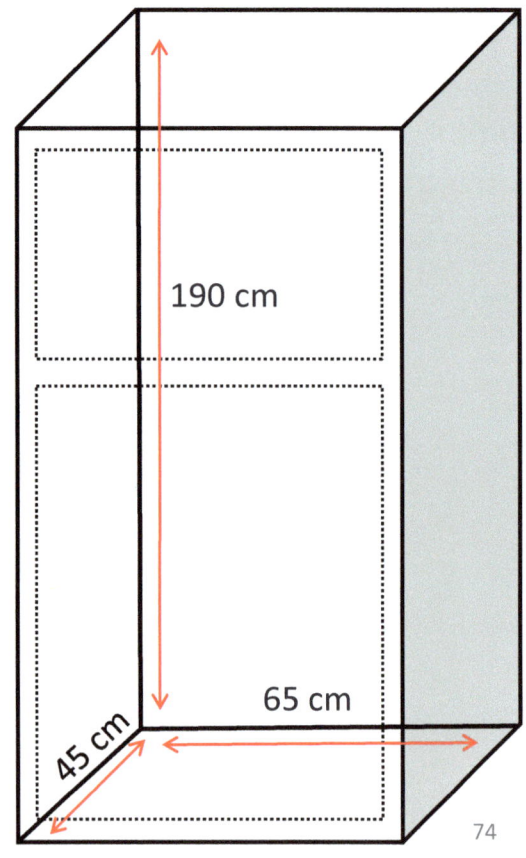

190 cm

65 cm

45 cm

74

TABLA DE CAPACIDADES DE COMPRESOR

En base a esta tabla podremos escoger el compresor adecuado para el refrigerador basándonos en la capacidad del refrigerador.

La capacidad del refrigerador se ve afectado por la temperatura ambiente, disminuyendo su eficiencia en climas muy cálidos

VOLUMEN DEL REFRIGERADOR EN LITROS (dc³) a Temperatura Ambiente		CAPACIDAD DEL COMPRESOR EN HP
32°C	43°C	
Hasta 100	Hasta 80	1/12
100 a 300	80 a 250	1/10
170 a 360	140 a 300	1/8
250 a 400	220 a 370	1/6
280 a 480	240 a 400	1/5
350 a 575	275 a 450	1/4L
450 a 700	350 a 575	1/4P
575 a 900	450 a 700	1/3
750 a 1200	650 a 1000	1/3+

EVAPORADOR SE LLENA DE ESCARCHA

RESISTENCIA DE DESCONGELAMIENTO DESCOMPUESTA

Cuando la resistencia de descongelamiento se descompone este no descongela el exceso de hielo formado en el evaporador, por lo tanto, se tapa la circulación de aire y el refrigerador deja de enfriar en la parte del conservador. En ocasiones se escucha el ruido del ventilador rompiendo el hielo.

Como probar la resistencia:

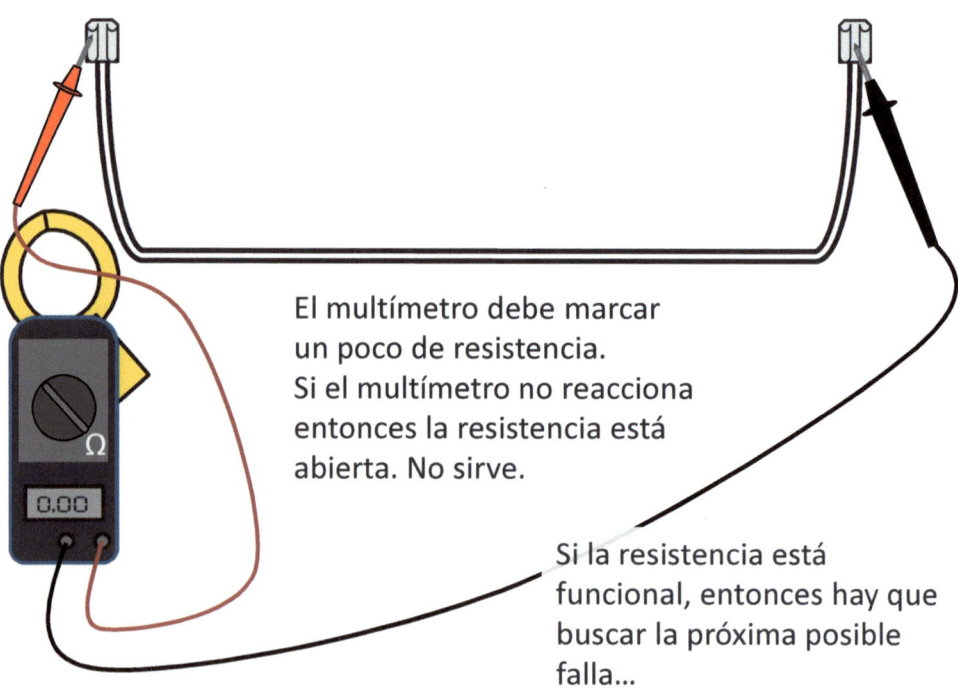

El multímetro debe marcar un poco de resistencia. Si el multímetro no reacciona entonces la resistencia está abierta. No sirve.

Si la resistencia está funcional, entonces hay que buscar la próxima posible falla...

 # VENTILADOR DEL CONGELADOR DESCOMPUESTO

El pequeño ventilador del congelador tiene un papel importante, ya que hace circular el aire en el congelador y al conservador. Su descompostura produciría la acumulación de hielo en el evaporador ya que el frío no se "mueve".

Gire las aspas del ventilador para comprobar que no esté pegado, si está muy duro solo engrase el eje del ventilador.

   Si aun así no funciona deberá alimentar el ventilador directamente.

Si el ventilador es de corriente alterna alimente con 110v ~
Si el ventilador es de corriente directa aliméntelo con 12v, para eso deberá conseguir un transformador 110V – 12v o un poco ,menor.

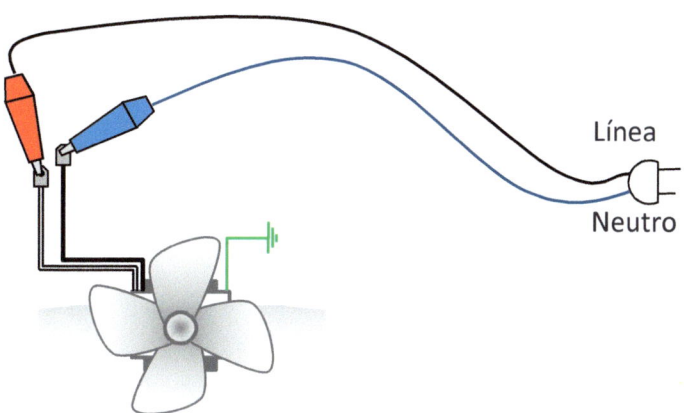

Línea

Neutro

PASTILLA LIMITADORA (BIMETAL) DESCOMPUESTO

La pastilla limitadora o bimetal es un interruptor que se activa cuando hay un exceso de hielo en el evaporador permitiendo el paso de corriente a la resistencia pudiendo así derretir el hielo.

Cuando se descompone, no deja pasar corriente a la resistencia ocasionando un aumento excesivo de hielo tapando la ventilación

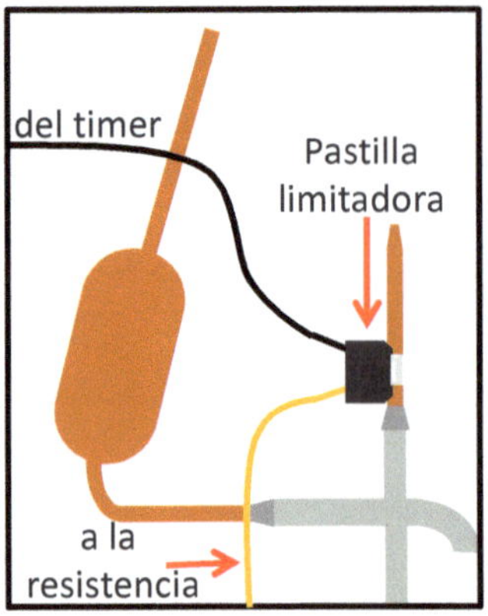

del timer

Pastilla limitadora

a la resistencia

Para probar el bimetal, enfríe con hielo por varios minutos y con el multímetro en Ohms mediremos su continuidad. Deberá escucharse un "clic" y marcará cero resistencia.

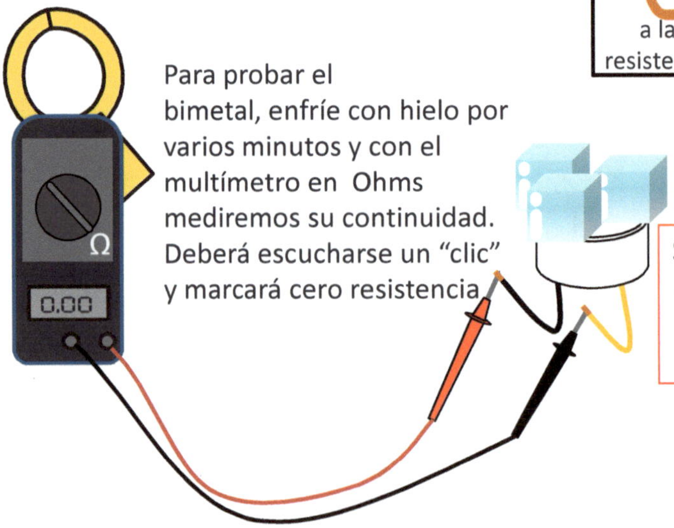

Hielo

Si el multímetro no reaccionó, entonces el bimetal no se activó. No sirve. Remplácelo.

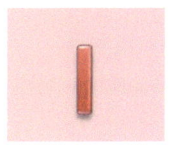

REFRIGERADOR ENCIENDE UNOS MINUTOS Y SE APAGA

CONDENSADOR SUCIO

Cuando el condensador está colmado de suciedad, el condensador no logra expulsar el calor porque el polvo funciona como aislante térmico ocasionando que el compresor se proteja por sobrecalentamiento.

Si al revisar el refrigerador lo primero que nota es el exceso de suciedad en el condensador, límpielo primero antes de revisar otros componentes.

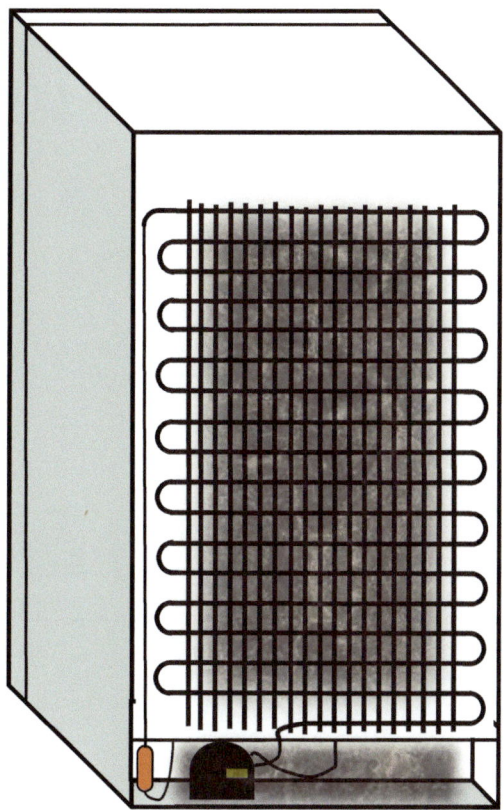

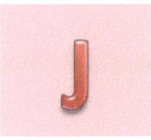

EXCESO DE REFRIGERANTE

Cuando el refrigerador tiene un exceso de gas, el compresor tiende a trabajar de más y consumir más amperaje provocando un aumento de temperatura hasta que el protector térmico apaga el compresor.

Esto es ocasionado por una mala medición al recargar refrigerante.

Habrá que revisar la presión en el lado de baja y checar el amperaje. <u>Notará también que se forma escarcha en el tubo de succión del compresor.</u>

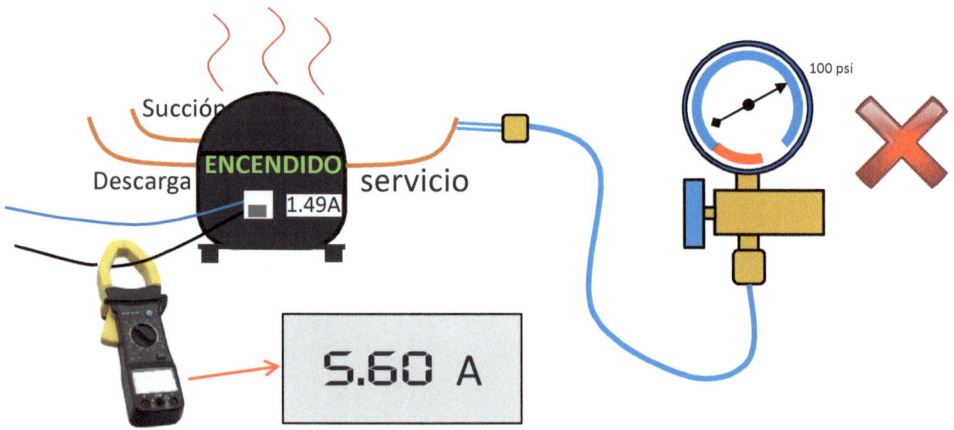

Será necesario retirar gas poco a poco hasta que la presión se encuentre de 6 a 12 psi

EL REFRIGERADOR NUNCA SE APAGA

TERMOSTATO PEGADO

Si el termostato se queda pegado con los puntos de contacto unidos siempre mantendrá el refrigerador encendido, excepto cuando el reloj del timer llegue a la etapa de descongelamiento que es cada 8 ó 10 horas.

Para probar el termostato haga lo siguiente:

1.- Abra el compartimiento donde se encuentra el termostato

2.- Con el multímetro en Ohms mida la continuidad en los conectores del termostato. Cuando está a temperatura ambiente hay continuidad. Cuando está frío se abren los puntos de contacto.

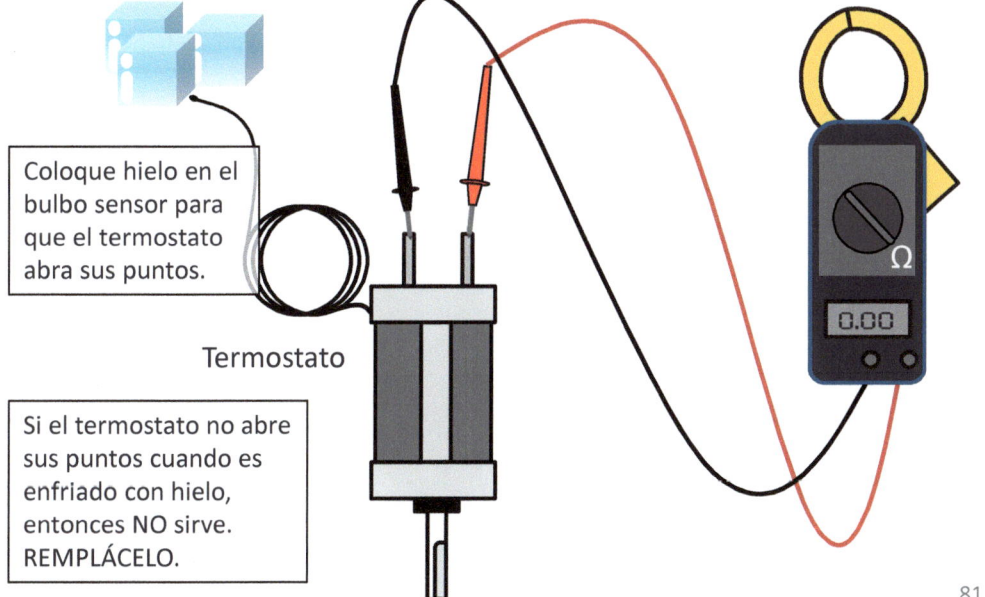

Coloque hielo en el bulbo sensor para que el termostato abra sus puntos.

Termostato

Si el termostato no abre sus puntos cuando es enfriado con hielo, entonces NO sirve. REMPLÁCELO.

ABERTURA EN PUERTA DEL REFRIGERADOR

En ocasiones el dejar la puerta del refrigerador medio abierta por mucho tiempo permite la entrada de aire cálido al interior del refrigerador impidiendo que el refrigerador alcance su temperatura y quede siempre prendido.

También revise que los empaques de las puertas no estén demasiado rotas ya que el aire fresco escapa por ahí.   El aire frío es más denso por lo tanto tiende a irse hacia abajo.

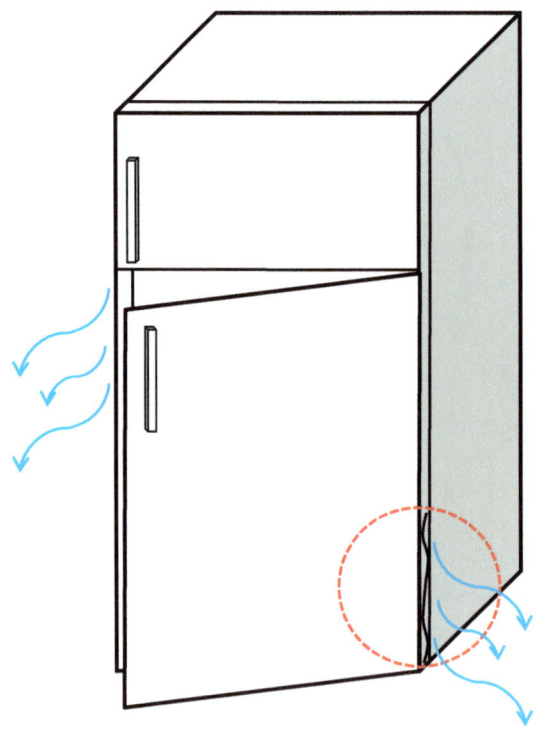

Revise las empacaduras de las puertas y de ser necesario remplace o intente reparar el daño

CABLE DE ALIMENTACIÓN DESCONECTADO

Revise el cable de alimentación, posiblemente sea que solo está mal enchufado. Si esta conectado correctamente entonces pruebe la corriente del contacto con un multímetro en la posición de corriente alterna, deberá marcar alrededor de 120v.

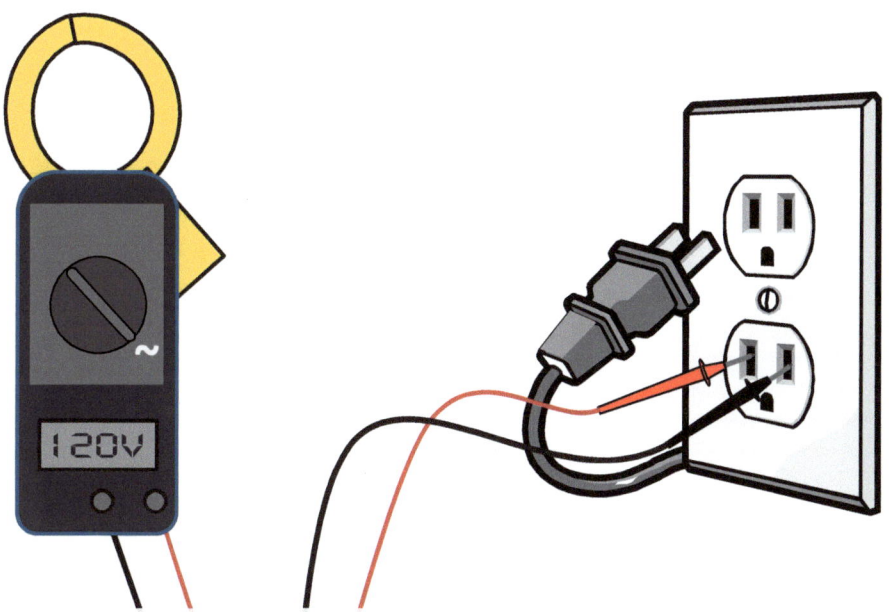

En caso de no haber corriente, corte la electricidad desde el centro de carga y desmonte el contacto, revise el interior en busca de cables chamuscados o sueltos. De haberlos, repare el daño y restablezca la corriente y conecte el refrigerador.

Si aun así no enciende el refrigerador, revise el cableado de alimentación y conectores del compresor, podría haber un falso contacto.

Podremos darnos cuenta si el problema es el compresor si conectamos el refrigerador y solo se encienden los focos y el ventilador del congelador. De ser así pase a la sección **"E"**

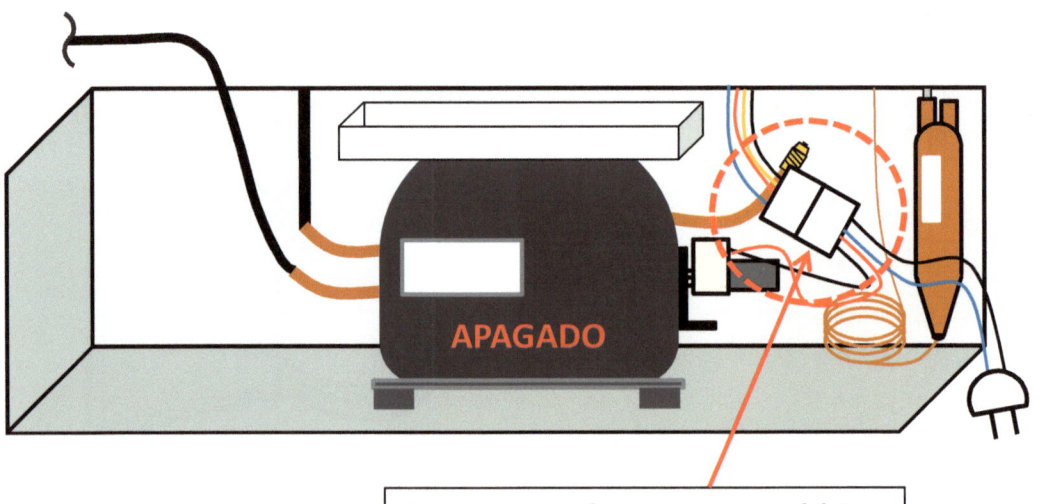

Revise que el conector esté bien puesto y que no esté derretido o cables carbonizados.

MALA CONEXIÓN DEL CABLEADO ELÉCTRICO

En caso de que tenga que conectar y desconectar cables, asegúrese de hacerlo de la manera correcta, coloque identificadores en los cables para no confundirlos con otros.

SI el refrigerador le da toques eléctricos es porque algún cable con corriente 110v se a conectado erróneamente con algún cable derivado de tierra.   Si su refrigerador tiene una etiqueta de diagrama revise que los cables que ha conectado corresponden tal y como viene indicado ahí.

Si todo está bien conectado entonces pase al siguiente paso....

CABLES O PARTES ELÉCTRICAS EN CONTACTO CON EL CUERPO DEL REFRIGERADOR

Algún cable con mal aislamiento o algún conector sin "capucha" de algún componente pueden estar rozando alguna parte del refrigerador, provocando que la corriente se fugue a través de la lámina del refrigerador.

Revise cuidadosamente el capacitor (si lo tiene), conectores, cables con el aislamiento roto, el compresor o cables amontonados ya que posiblemente se estén rozando entre sí.

De encontrar algún cable con aislante roto, aplique cinta aislante nueva y sepárelo de la lámina del refrigerador.

Si esto no solucionó el problema pase al siguiente paso...

EL REFRIGERADOR NO ESTÁ ATERRIZADO

A veces al dar mantenimiento uno se olvida de atornillar los cables de tierra. Los refrigeradores tienen varios cables, así que tendrá que revisar que cada uno esté conectado al cuerpo de la unidad:

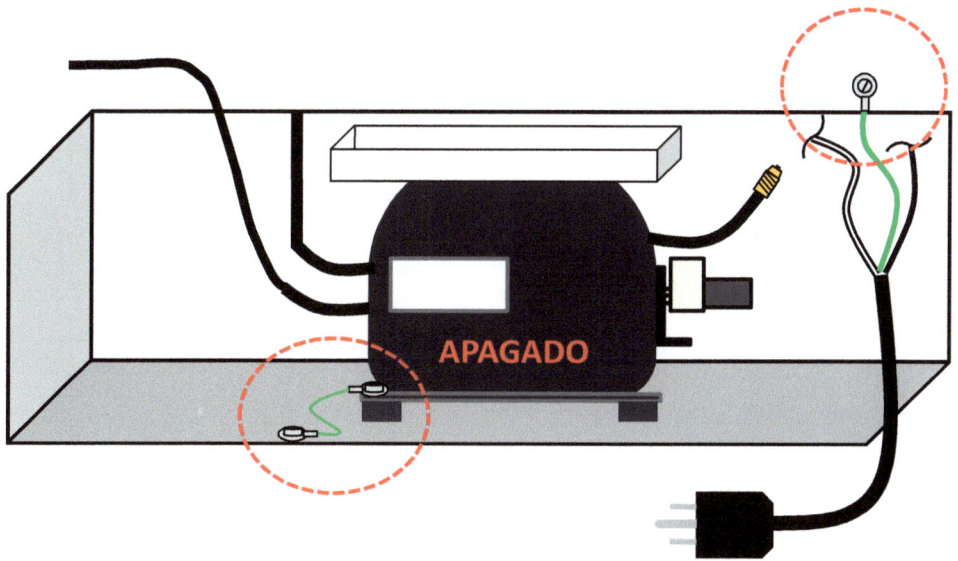

EL CONTACTO NO ESTA ATERRIZADO   **USE EQUIPO DE SEGURIDAD**

   También debería revisar el contacto donde tenía enchufado el refrigerador para asegurarse de que está aterrizado. Hágalo de la manera siguiente:

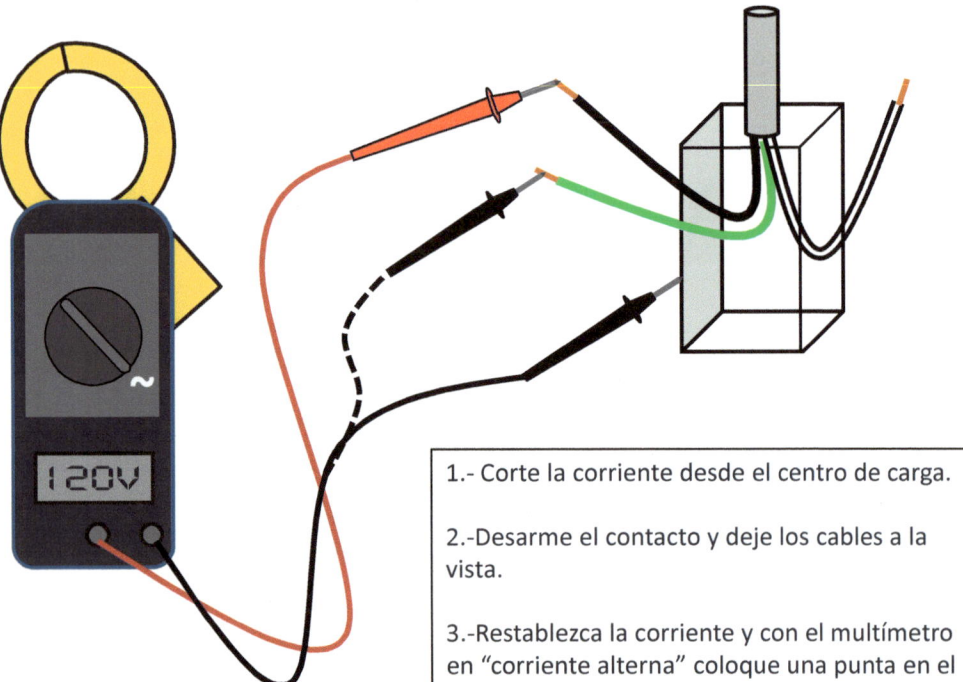

1.- Corte la corriente desde el centro de carga.

2.-Desarme el contacto y deje los cables a la vista.

3.-Restablezca la corriente y con el multímetro en "corriente alterna" coloque una punta en el cable de Línea y la otra punta a la caja metálica. El multímetro deberá indicar alrededor de 120v.

4.- Si tiene el cable de tierra, coloque una punta en el cable de Línea y la otra punta al cable de tierra. También deberá indicar corriente.

5.- Corte la corriente nuevamente y ensamble el contacto.

Si no marca corriente con ninguna de las dos formas quiere decir que ese contacto no estaba aterrizado y posiblemente ese era el problema. Corrija el cableado eléctrico conectando un cable de tierra.

CONEXIÓN INCORRECTA DEL CONTACTO

Deberá identificar los cables Línea y Neutro y conectarlos de manera correcta.
1.-Desmonte la tapadera del contacto

2.-Con el multímetro en "Corriente alterna" inserte una de las puntas a la entrada pequeña del contacto.

3.-Con la otra punta toque la caja metálica y vea la medición:

Si marcó corriente entonces la conexión está correcta.
Si no marcó nada entonces los cables están invertidos

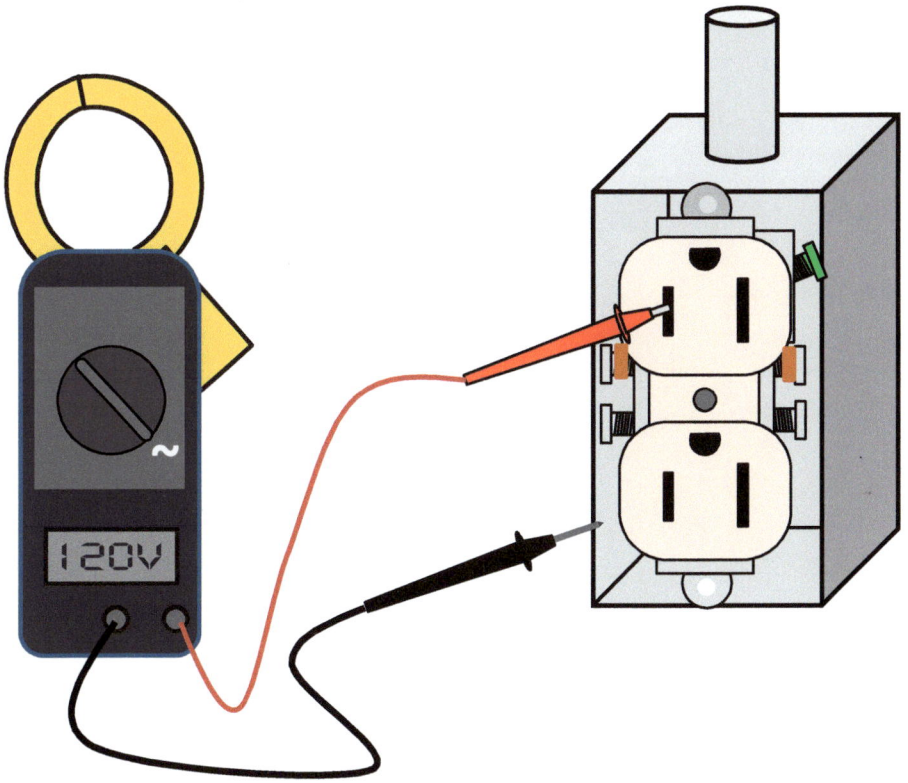

CONEXIÓN CORRECTA DEL CONTACTO

1.- Corte la corriente desde el centro de carga

2.- Desmonte el contacto

3.- Afloje los tornillos y cambie los cables de lugar

4.-Coloque cinta aislante para cubrir los tornillos y coloque nuevamente el contacto en su lugar.

5.- Restablezca la corriente.

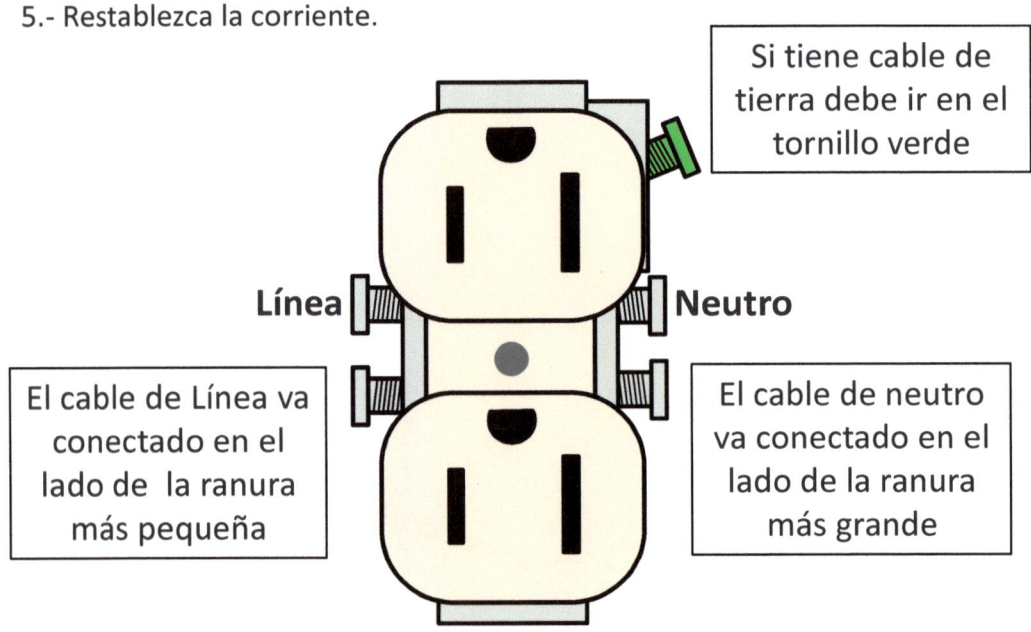

Si tiene cable de tierra debe ir en el tornillo verde

Línea

Neutro

El cable de Línea va conectado en el lado de la ranura más pequeña

El cable de neutro va conectado en el lado de la ranura más grande

CHARCOS DE AGUA DEL DESAGÜE EN CONTACTO CON LOS CABLES DE CORRIENTE.

Si derramaron líquidos en el congelador, o si no se está evaporando el agua de la charola de desagüe, todo eso se va a acumular hasta derramarse y hacer contacto con componentes eléctricos como el arrancador o cables con corriente pudiendo ser un verdadero peligro de choque eléctrico.

Desconecte el refrigerador y revise el área del compresor en busca de charcos de agua, si los hay seque el líquido y retire todo el lodo de la charola de desagüe. Después conecte nuevamente el refrigerador.

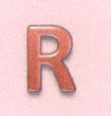

REFRIGERADOR DESNIVELADO

Si el refrigerador está haciendo ruidos posiblemente sea porque está mal nivelado. Intente mover el refrigerador para ver si el sonido se detiene.   Si el sonido paró, entonces puede mantener esa posición ajustando los soportes en la base del refrigerador.

Gírelos para subir o bajar el refrigerador:

¿SE QUITO EL RUIDO?

SI

Pruebe el ajuste
sacudiendo un poco
el refrigerador.

NO

Vaya al siguiente
paso

COMPRESOR MAL COLOCADO

El compresor tiene unos soportes de caucho que absorbe las vibraciones del trabajo. Cuando esos soportes están mal colocados o destruidos por el desgaste entonces las partes metálicas comenzarán a chocar entre si provocando ruidos molestos.   Pruebe revisando lo siguiente:

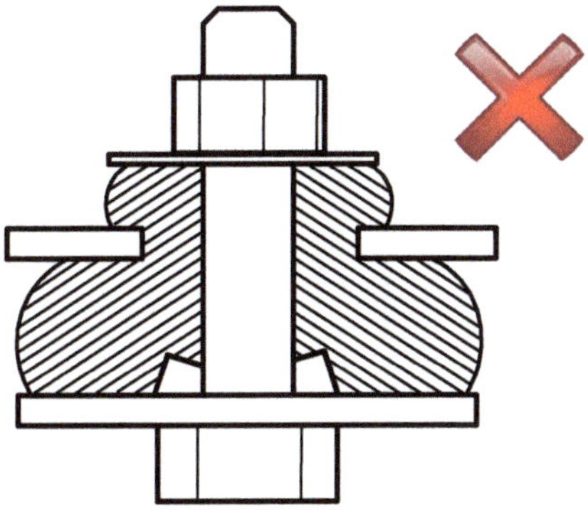

Si el cojinete está muy apretado este no absorberá las vibraciones. Aflójelo.

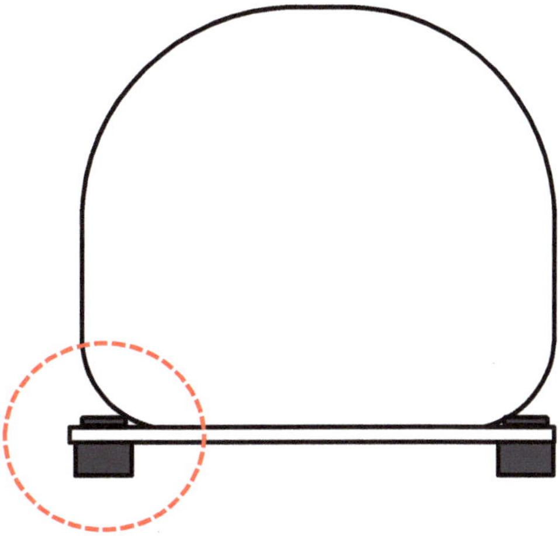

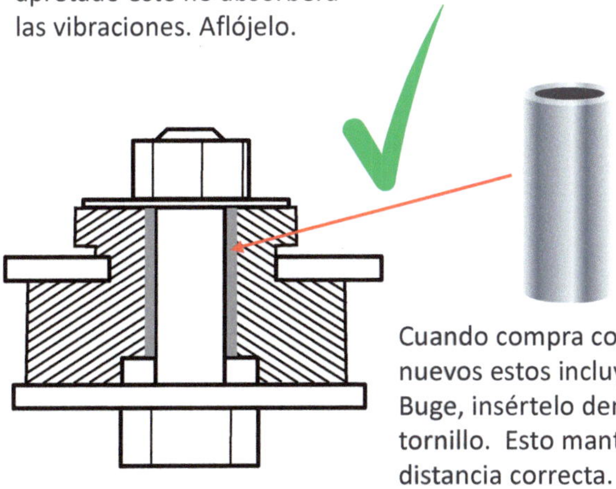

Cuando compra cojinetes nuevos estos incluyen un Buge, insértelo dentro del tornillo. Esto mantendrá la distancia correcta.

93

CONDENSADOR FLOJO

Intente mover con cuidado el condensador para ver si se quita el ruido. Las vibraciones o movimientos bruscos como el traslado del refrigerador pueden llegar a aflojar piezas. Voltee el refrigerador y vea de que parte del condensador viene el sonido. Apriete los sujetadores del condensador si es necesario.

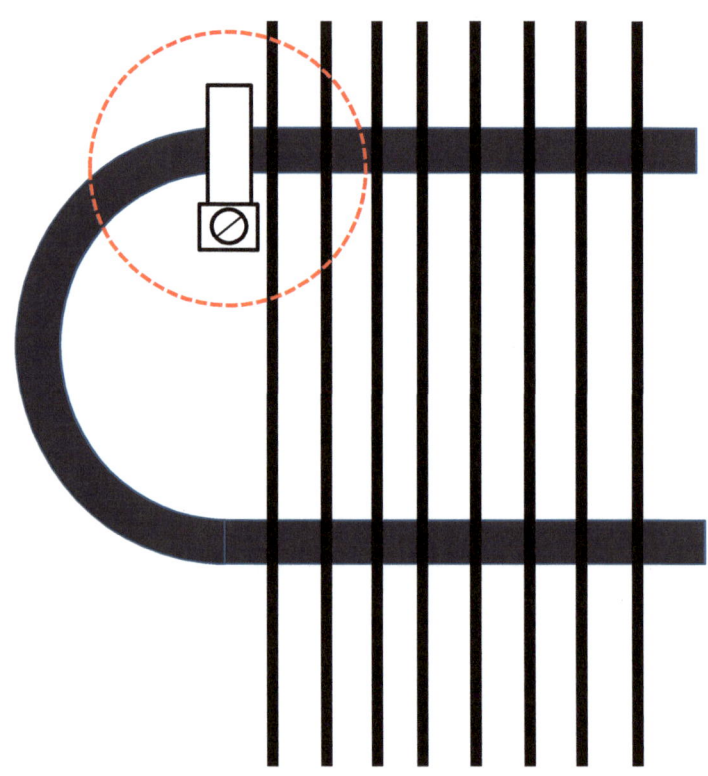

LÁMPARA DESCOMPUESTA

Primero asegúrese de que su refrigerador está enchufado, si aun así las lámparas no encienden, posiblemente los focos se hayan fundido.

1.- Desenchufe el refrigerador y saque los compartimentos de comida o las cosas que estorben.

2.-Quite la tapa de la lámpara (si la tiene)

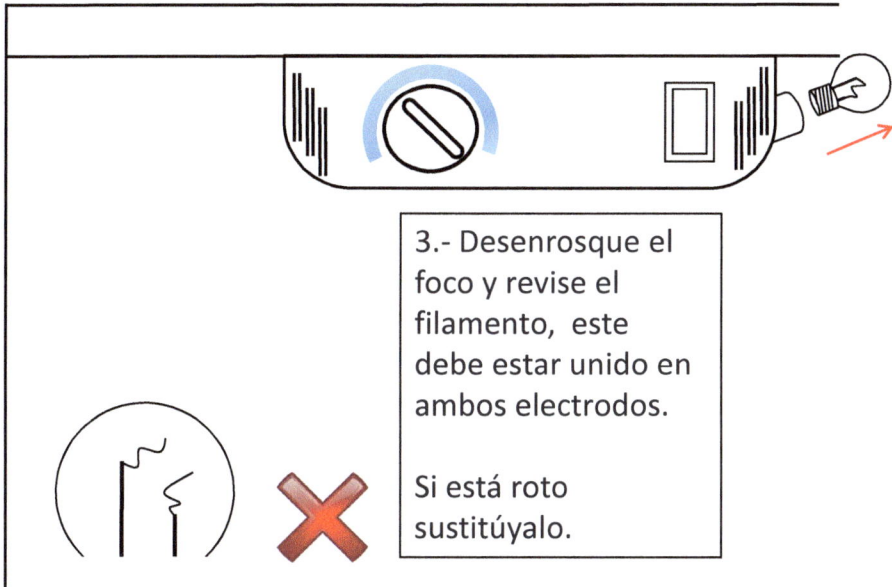

3.- Desenrosque el foco y revise el filamento, este debe estar unido en ambos electrodos.

Si está roto sustitúyalo.

INTERRUPTOR DE PUERTA DAÑADO

Si la lámpara estaba en buen estado y aun así no enciende, entonces revise el interruptor de la puerta. Posiblemente esté desgastado.

1.- Desenchufe el refrigerador

2.- Retire con cuidado el interruptor, si está empotrado en una de las paredes del refrigerador utilice un desarmador de paleta.

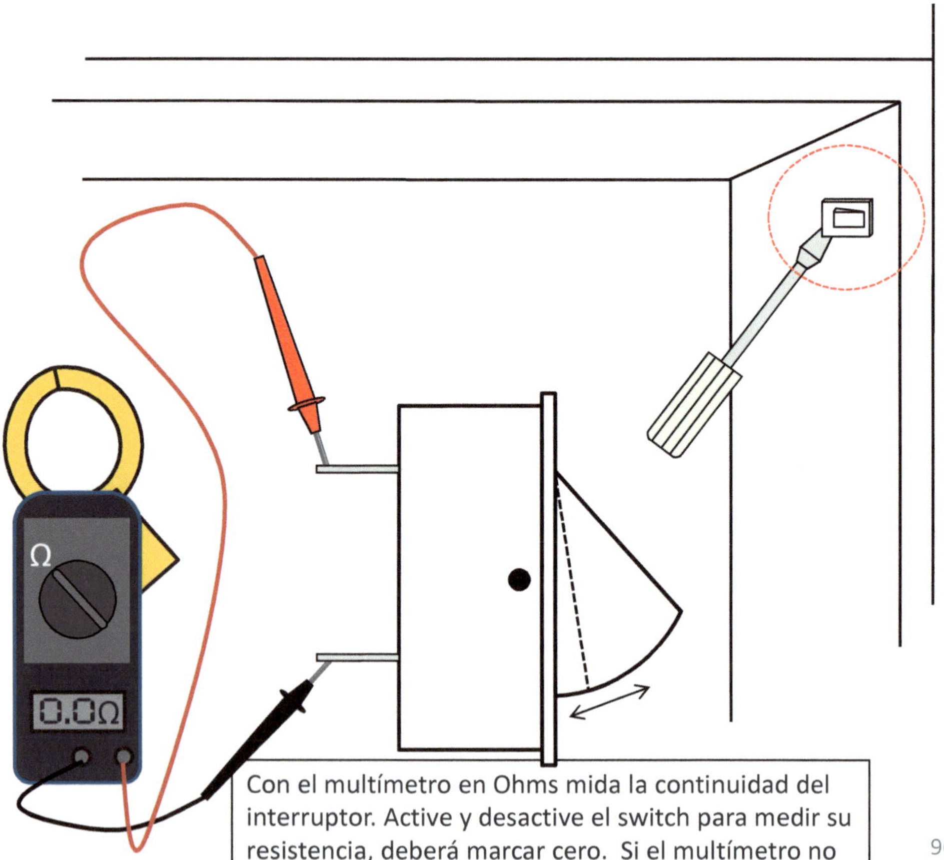

Ω

0.0Ω

Con el multímetro en Ohms mida la continuidad del interruptor. Active y desactive el switch para medir su resistencia, deberá marcar cero. Si el multímetro no reacciona entonces remplace el switch.

96

CONEXIÓN ELÉCTRICA ERRONEA

Si la lámpara está bien y el interruptor funciona correctamente, entonces tal vez sea un error de conexión o un falso contacto.

Desensamble el tablero de control y verifique la conexión de los cables tomando como guía el diagrama de la **página 14.**

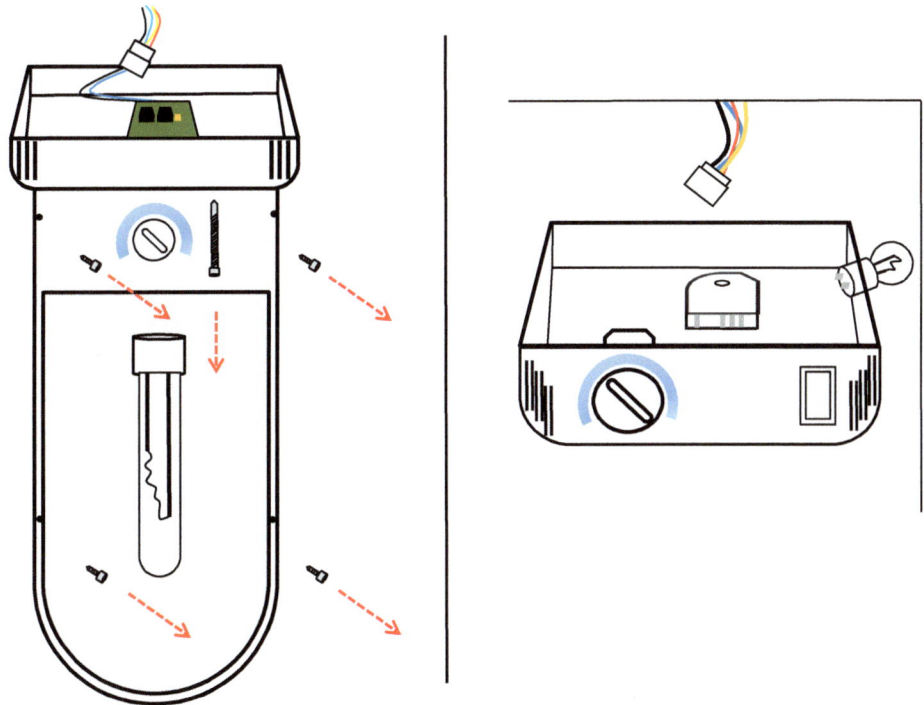

Si el refrigerador tiene una etiqueta con el diagrama puede usarlo como guía y verificar las conexiones.

ACEITES

Los aceites ésteres son utilizados en equipos que usan R134a, estos tienden a absorber la humedad (higroscópico) si se les deja expuestos al ambiente, por eso la necesidad de **realizar el trabajo rápidamente** (cambio de compresor, tapar fugas etc..)

Con la siguiente tabla puede darse cuenta de la rapidez con la que se absorbe la humedad:

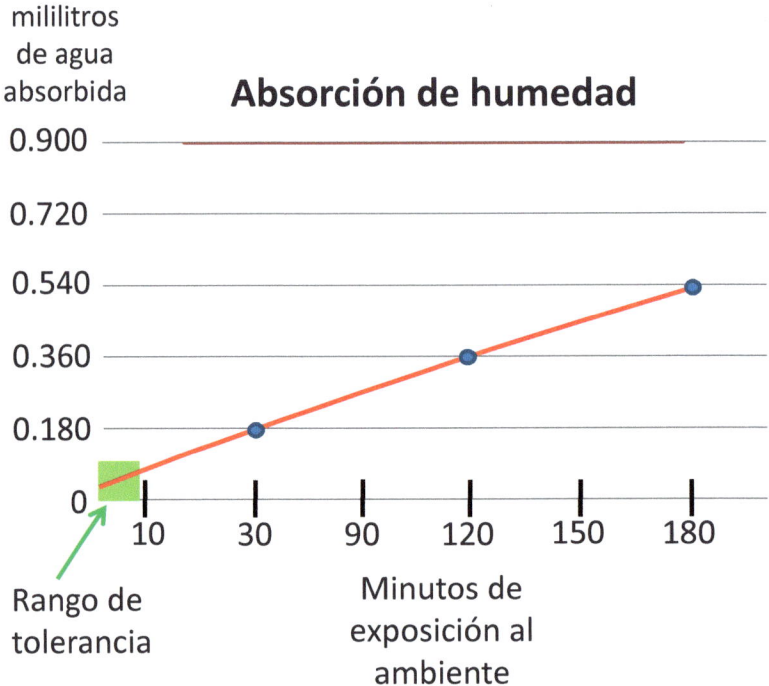

98

MISCIBILIDAD DE LOS ACEITES

La miscibilidad es la capacidad del aceite de mezclarse con el refrigerante. No todos los gases son compatibles con cualquier aceite, si los mezcla puede dañar permanentemente el compresor.

En la siguiente tabla se muestra la compatibilidad del aceite con los gases refrigerantes mas utilizados en equipos de refrigeración:

REFRIGERANTE	ACEITE		
	SINTÉTICO ALQUIL BENCENO	MINERAL	POLIOLÉSTER (ÉSTER)
R12	✔	✔	✔
R134 a	✖	✖	✔
R404 a	✖	✖	✔
R406 a	✔	✔	✔
R507	✖	✖	✔

COMPRESOR

El REFRIGERANTE
Cuando tiene que sustituir un compresor tiene que asegurarse del tipo de refrigerante que usa el refrigerador, esto es importante porque el tubo capilar puede ser diferente en un refrigerador que usa R12, y si es de mayor o menor diámetro interno afectará la funcionalidad del refrigerador.

Vea la etiqueta interna del refrigerador, ahí vendrá la información. Vea la página 38.

EL ACEITE
También es importante ver el tipo de refrigerante que usa el compresor porque así sabremos con que aceite trabaja. Vea la tabla de la página 89.

LA CAPACIDAD
Si tiene un refrigerador muy grande y le coloca un compresor de poca capacidad esté no funcionará correctamente. Vea la página 66 y 67 para elegir un compresor adecuado.

RECOMENDACIONES SOBRE CAMBIO DE COMPRESOR

✓   Siempre que cambie un compresor, cambie también filtro secador y haga un barrido con R141b para eliminar lodos e impurezas. Es necesario para hacer válida la garantía.

✓   Nunca use el compresor nuevo para hacer de vacío, esto hará que entren impurezas y humedad al sistema.

✓   No pruebe el compresor sin haberlo instalado en el refrigerador. El compresor funciona, y ya fueron probados de fábrica. Solo podrá encenderlo cuando lo instale.

✓   Quite los tapones de caucho de las tuberías del compresor nuevo solo cuando vaya a instalarlo, así se evita la entrada de impurezas y humedad.

✓   Cuando cambie el filtro secador, caliente solo lo necesario, de lo contrario la humedad retenida en el filtro regresará al sistema.

✓   Procure usar una bomba de alto vacío. Se puede usar un compresor adaptado, pero no es recomendable porque estos absorben mucha suciedad y se puede contaminar el sistema.

RECOMENDACIONES SOBRE EL REFRIGERANTE

↯ Siempre almacene el cilindro de gas lejos de fuentes de calor y de los rayos del sol, también es importante no dejar los cilindros dentro del auto. Si se calienta a más de 50 grados centígrados se corre el riesgo de que explote.

↯ Si está recargando gas a un refrigerador y desea aumentar la presión del cilindro, no lo caliente con fuego del gas MAP, mejor sumerja el cilindro **hasta la mitad** en una cubeta con agua, eso aumentará la presión de manera segura.

↯ El gas R134a no es tóxico ni inflamable, pero aun así tome precauciones ventilando el área de trabajo. Este gas es más pesado que el aire y tiende estar al ras del suelo.

↯ Cuando se está cargando gas el cilindro comienza a enfriarse hasta formar escarcha, si lo sostiene con la mano durante varios minutos puede sufrir congelamiento en los dedos. Si tiene que sostener el cilindro use guantes.

↯ Procure no agregar aditivos que dicen eliminar la humedad en el sistema, estos no la eliminan, solo disminuyen el punto de congelamiento del agua evitando que se formen cristales de hielo en el tubo capilar.   Si usa estos aditivos puede causar corrosión en las tuberías y dañar el material aislante del compresor.

PROCEDIMIENTO PARA RECUPERAR EL GAS REFRIGERANTE
(fase líquida)

MATERIAL:

1.- Tanque recibidor con válvula de gas y líquido

2.- Válvula perforadora

3.-manómetro

4.- Tina pequeña con hielo

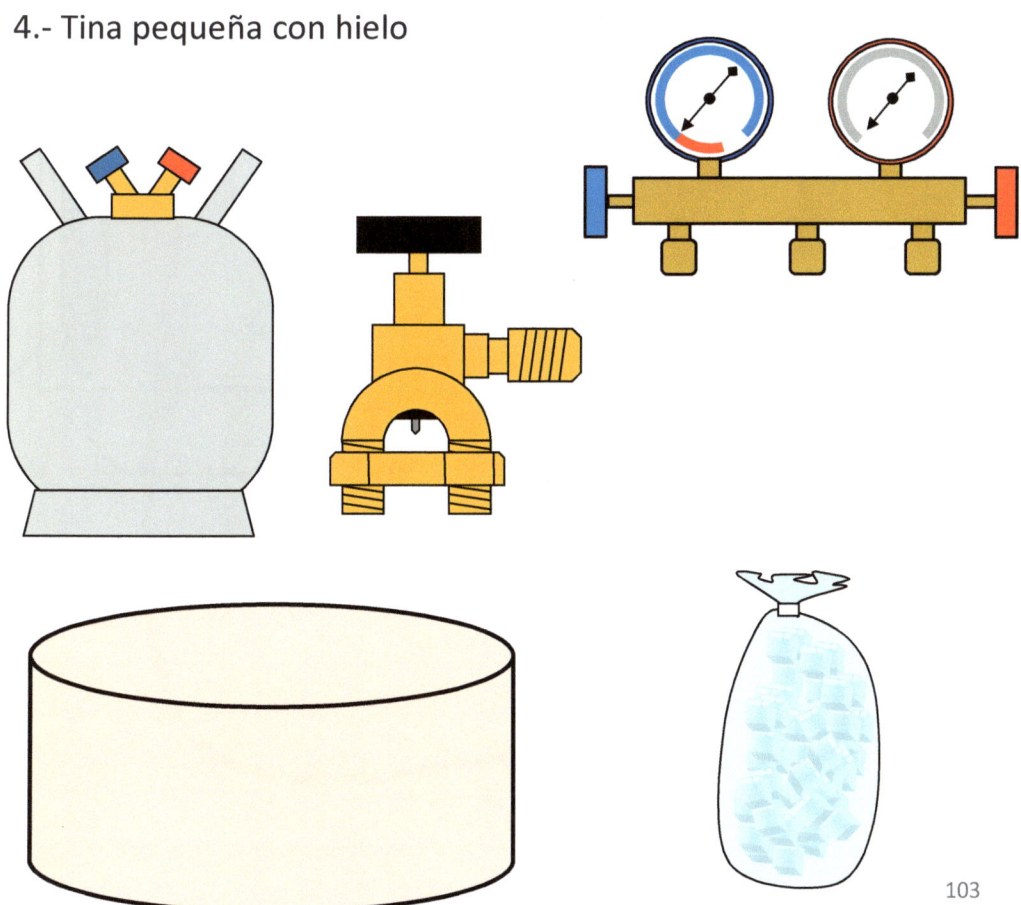

CONEXIÓN PARA RECUPERAR EL GAS

1.- Haga un excelente vacío al taque recibidor

2.- Coloque la válvula perforadora en la tubería de descarga del compresor. Todavía no atornille.

3.- Conecte la manguera de servicio a la válvula perforadora

4.- Coloque el tanque recibidor en la tina con hielo

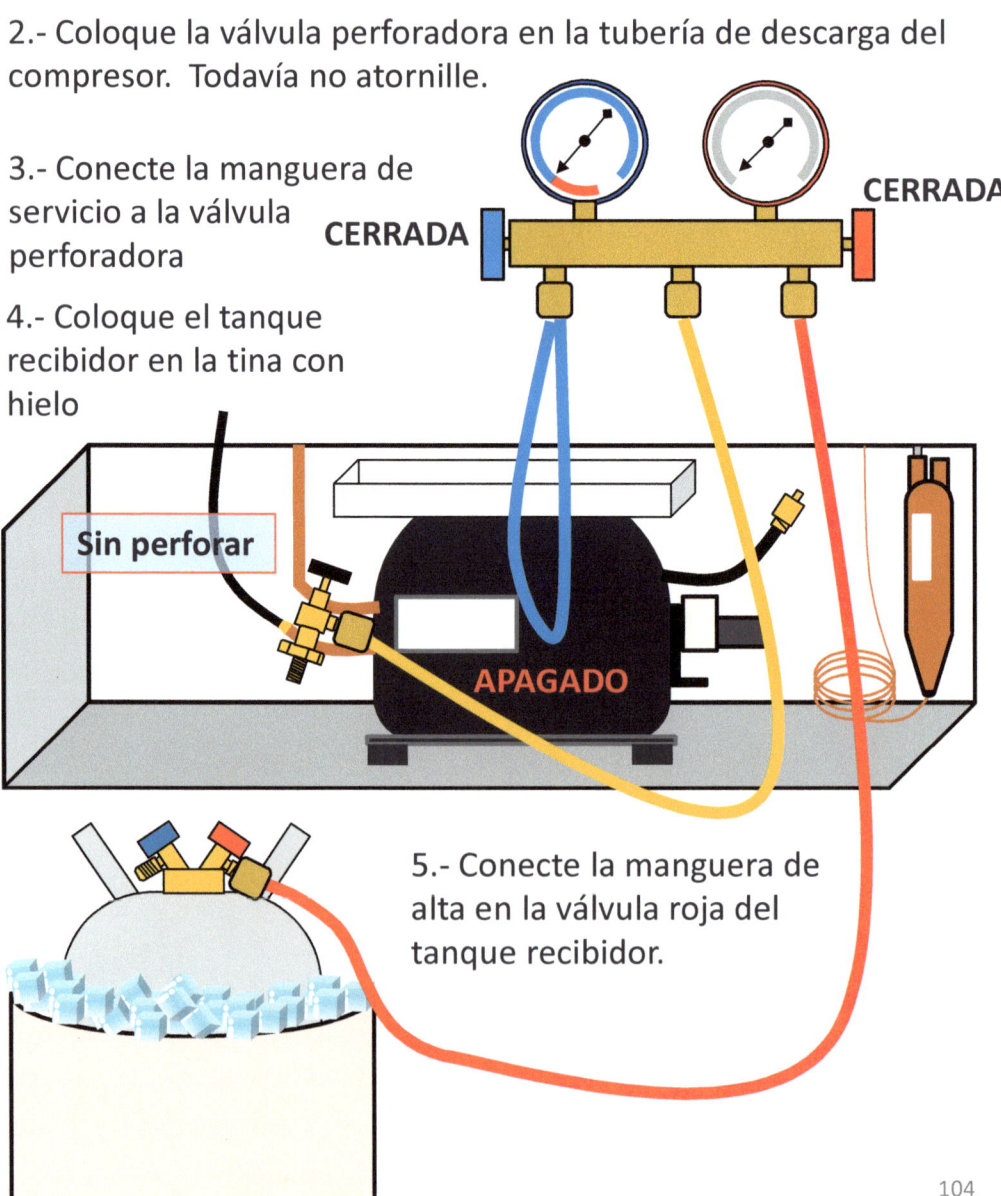

CERRADA

CERRADA

Sin perforar

APAGADO

5.- Conecte la manguera de alta en la válvula roja del tanque recibidor.

6.- Gire la llave de la válvula perforadora

7.- Purgue la manguera amarilla y la manguera de alta para expulsar el aire del manómetro

8.-Encienda el refrigerador

9.- Abra la válvula de alta del manómetro.   **CERRADA**

10.- Abra la llave de líquido del tanque recibidor.

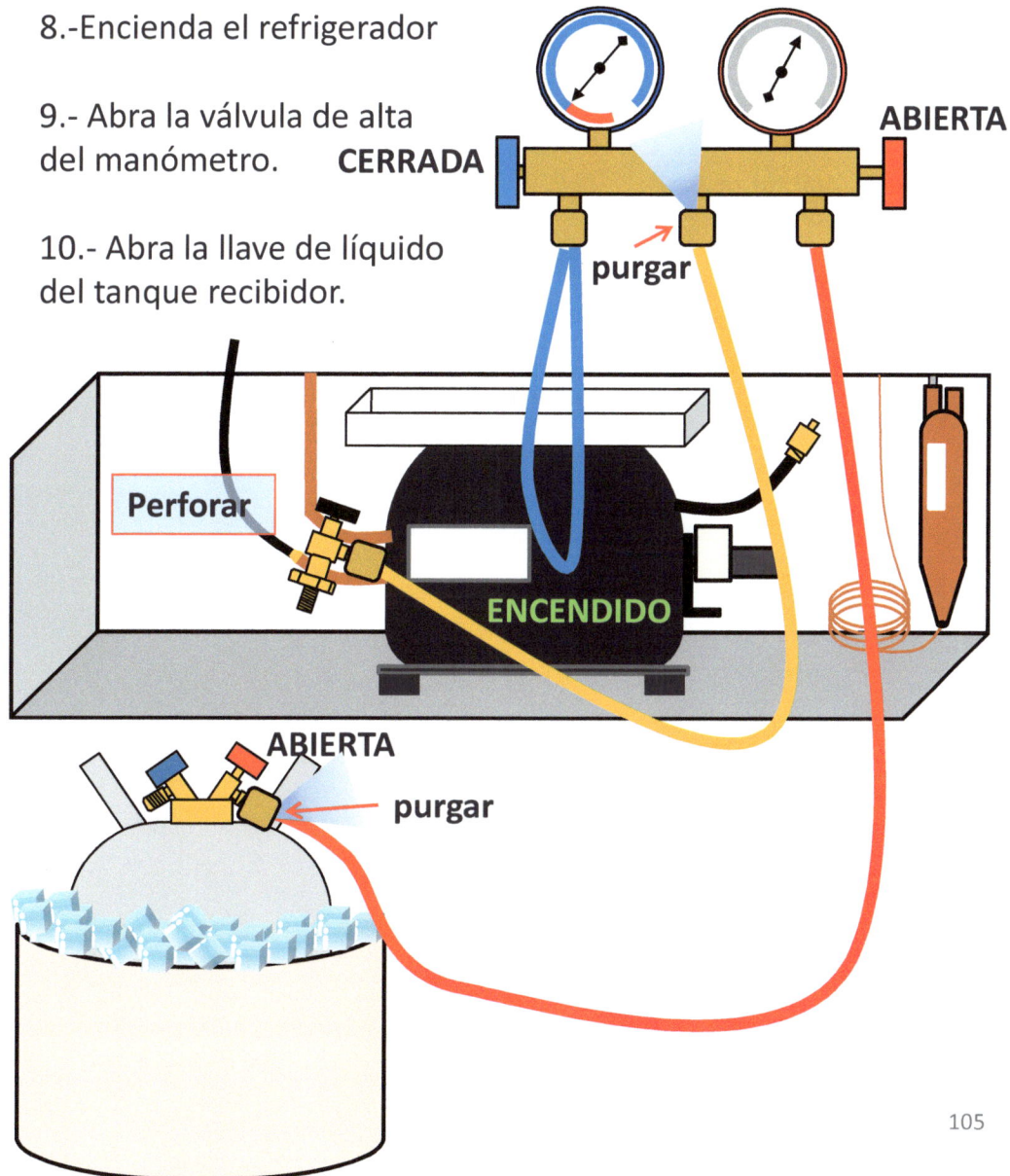

ABIERTA

purgar

Perforar

ENCENDIDO

ABIERTA

purgar

11.- Poco a poco el líquido refrigerante irá ingresando al tanque recibidor. Entre más helado esté el tanque será mas rápido el proceso.

Nota:
• No use un tanque que tenga otro tipo de gas en su interior.

• No sobrepase la capacidad máxima del tanque recibidor, llénelo un 80%.

• Asegúrese que el tanque esté libre de otras sustancias como aceites, líquidos, gases u otro tipo de impurezas.

• No use ese tanque para almacenar otro tipo de gas.

• Use solo tanques especiales para recuperar gas refrigerante, No utilice tanques desechables.

www.ingramcontent.com/pod-product-compliance
Lightning Source LLC
Chambersburg PA
CBHW040825180526
45159CB00001B/68